Master of Business Administration

★

CHIEF FINANCIAL OFFICER

財務總監

菁英培訓版

成為財務總監所必備的基礎知識

CFO所作出的決定和採取的行動，
在企業破產與生存、壯大與萎縮之間有著舉足輕重影響。

★★★

讀品企研所 / 編譯

永續圖書 線上購物網
讀品文化 事業有限公司
www.foreverbooks.com.tw
yungjiuh@ms45.hinet.net

無限系列 06

財務總監「菁英培訓版」

編　　譯　讀品企研所
出 版 者　讀品文化事業有限公司
責任編輯　陳柏宇
封面設計　姚恩涵
內文排版　王國卿

總 經 銷　永續圖書有限公司
TEL ／(02)86473663
FAX ／(02)86473660
劃撥帳號　18669219
地　　址　22103 新北市汐止區大同路三段 194 號 9 樓之 1
TEL ／(02)86473663
FAX ／(02)86473660
出 版 日　2018 年 09 月

法律顧問　方圓法律事務所　涂成樞律師
CVS 代理　美璟文化有限公司
TEL ／(02)27239968
FAX ／(02)27239668

國家圖書館出版品預行編目資料

財務總監「菁英培訓版」／讀品企研所編譯.
--初版. --新北市 ：讀品文化, 民 107.09
面； 公分. -- （無限系列：06）
菁英培訓版
ISBN 978-986-453-080-9 (平裝)
1. 財務管理　2.資產管理
494.7　107011510

前言

財務總監（CFO—Chief Financial Officer）又稱公司財務長，是現代公司中最重要的頂尖管理職位之一。做一名成功的CFO需要具備豐富的金融理論知識和實務經驗。公司理財與金融市場交易、專案評估、風險管理、產品研發、策略規劃、企業核心競爭力的識別與建立，以及洞悉訊息技術及電子商務對企業的衝擊等，自然都是CFO職責範圍內的事。

稱職的CFO除了具備全面的良好的財務會計專業素養，還必須是產、供、銷、購、存、運的專家。整體財務管理工作是一個動態的環節，貫穿於整個企業的管理流程中，滲透到各個部門，只有公司所有人員具有財務意識，懂得本部門工作跟財務規劃的本質關係，首先從本部門著手進行財務規劃，管理、分析，整體公司的財務工作才可能從被動的靜態轉變到動態的運作。

資金對於企業來說，就如血液對於人體一樣重要。資金缺乏、周轉不靈或投資錯誤等因素往往是讓一個看似生機勃勃的企業在轉瞬間破產的常見原因。在經濟形勢不景氣的情況下，CFO所作出的決定和採取的行動，在企業破產與生存、壯大與萎縮之間有著舉足輕重影響。

市場經濟的核心是效益。哪個企業的經濟效益好，人才就往哪裡聚集，資金就往哪裡流動，而企業的效益就會更好。可見，提高企業經濟效益是企業生存發展之本。企業如何提高經濟效益呢?這既是一門學問，又是一門藝術。

企業要提高經濟效益，必須加強企業的資金管理。企業資金管理包含了很多方面的內容，其中最重要的兩方面是怎樣投資與如何融資，也涉及很多專業知識，如應收帳款、應付帳款、商業票據、銀行貸款、現金流量、貼現率、未來收益率等等。雖然這些具體操作主要應由企業的專業財務管理人員進行處理，CFO並不需要掌握太過精深的財務技能，但作為企業的財務總監，也必須對企業的運營了然於胸，方可運籌帷幄，指點全域，決勝千里。

本書沒有講述具體、繁雜的財務處理方法，而是著眼於財務管理的基本理論和實戰技巧。

第三章 融資決策——資金籌集和借貸

第四章　積極回籠資金，提高收益率

第五章　資金預算使用與投資決策

菁英培訓版

MEMO

第一章

成功做個現代 CFO

第一節 從傳統意義上的「帳務人員」變成現代的「理財專家」

一、企業財務決策的類型

企業的財務管理工作，幾乎都是在風險和不確定的情況下進行的。離開了風險因素，就無法正確評價企業報酬的高低。風險是客觀存在的，做財務管理工作不能不考慮風險問題。按風險的程度，可把企業財務決策分為三種類型。

(1)確定性決策。決策者對未來的情況是完全確定的或已知的決策，稱為確定性決策。例如，時代公司將一百萬元存入利息率已知的國家銀行，由於國家實力雄厚，到期得到的利息幾乎是肯定的，因而，可以認為這種投資為確定性投資。

(2)風險性決策。決策者對未來的情況不能完全確定，但它們出現的可能性——機率的具體分佈是已知的或可以估計的，這種情況下的決策稱為風險性決策。例如，假設時代公司將一百萬元投資於大華玻璃製造公司的股票，已知這種股票在經濟繁榮時能獲得二十%的報酬；在經濟狀況一般時能獲得十%的報酬；在經濟蕭條時只能獲得五%的報酬。現根據各種資料分析，認為明年經濟繁榮的機率為三十%，經濟狀況一般的機率為四十%，經濟蕭條的機率為三十%。這種決策便屬於風險性決策。

(3)不確定性決策。決策者對未來的情況不僅不能完全確定，而且對其可能出現的機率也不清楚，這種情況下的決策稱為不確定性決策。例如，假設時代公司把一百萬元投資於東北煤炭開發公司的股票，如果東北公司能順利找到煤礦，則時代公司可獲得一〇〇%的報酬，反之，如果東北公司找不到煤礦，則時代公司即損失所有的投資。但找到煤礦與找不到煤礦的可能性各為多少，事先無法知道，也就是說，事先並不能知道有多大的可能性獲得一〇〇%的報酬，有多大的可能性損失所有的投資，這種投資決策便屬於不確定性決策。

從理論上來說，不確定性是無法計量的，但在財務管理中，通常為不確定性決策規定一些主觀機率，以便進行定量分析。不確定性規定了主觀機率後，與風險就十分相近了。因此，在企業財務管理中，對風險和不確定性並不作嚴格區分，當談到風險時，可能指風險，更可能指不確定性。

一般而言，投資者都討厭風險，並力求迴避風險。那麼，為什麼還有人進行風險性投資呢？這是因為風險投資可得到額外報酬——風險報酬。

二、現代CFO應及時進行知識的更新

市場經濟中充滿了各種的風險，現代企業在組織財務活動的過程中，由於各種不確定性因素以及一些突發性因素的影響，企業的實際財務收益往往與預期財務收益發生較大差異進而使企業有蒙受經濟損失的可能。如何防範這些可能發生的風險是CFO必須要明確的。

CFO在進行財務決策時，應儘可能迴避風險以減少損失，增加收益，但要注意風險與報酬是相對應的，低風險往往對應的是低報酬，取得高報酬要冒更大的風險。如何在風險與報酬之間進行選擇，這是CFO面臨的一大挑戰。一名CFO要想在新局勢下抓住機遇，就必須及時進行知識更新，樹立一套與不斷變化的財務管理環境相適應的財務管理新觀念，主要包括：

(1)競爭觀念。競爭為現代企業財務管理帶來了活力，創造了機會，但也形成種種

威脅。優勝劣汰的原則使每一位CFO必須樹立強烈的競爭意識，新世紀市場經濟必將進一步發展，市場供需關係的變化，價格的波動，時時會給企業帶來衝擊。CFO應當對這種衝擊做好充分的應對準備，強化財務管理在資金的籌集、投放、營運及收益分配中的決策作用。並在競爭中不斷增強承受和消化衝擊的應變能力，使企業自身的競爭實力一步一步提高，在激烈的市場競爭中站穩腳跟並力求脫穎而出。

⑵經濟效益觀念。市場經濟本質上是一種損益經濟，企業作為一個自主經營、自負盈虧、自發發展，自我約束的經濟實體，取得並不斷提高經濟效益是其基本特徵之一。所以CFO在工作過程中必須牢固地確立經濟效益觀念。在籌資、投資以及資金的運用上都要講究「投入產生比」，在日常的理財管理工作中，儘可能降低成本提高資金運用率，「開源」與「節流」同時併進，以此來實現企業財務管理目標。

⑶時間價值觀念。資金的時間價值，簡單地的說便是今天的一塊錢和明天的一塊錢是不等值的，這是企業CFO必須樹立的觀念。貨幣是有時間價值的，一定量的貨幣在不同的時期其價值量是不同的，而二者之間的差額便是利息。CFO必須重視利息的存在，許多看似有利可圖的專案在考慮到資金時間價值問題後，可能就變成一個賠本生意了，這種買賣可千萬別做。

(4)財務公關觀念。CFO及其下屬人員不要只會算帳。對外，應加強與財政、稅務、銀行、物價及上級業務主管部門的聯繫，以便得到他們的指導和支持。對內，應協調財務部門與生產部門、行銷部門、公關部門、人力資源管理部門的關係，以便得到他們的理解和配合。由於財會部門處於經費分配的位置，往往與經費使用部門的看法不一致，而引起矛盾。他們可換一種思維方法，設身處地為其他部門考慮，必要時，請有關主管做溝通協調工作。

(5)良好的個人形象的觀念。CFO的個人威信來源於自己的業務能力和對重要事項處理的果斷和公正。在為人方面要寬容和慎言，在處事方面要果斷和明確。對下屬，要尊重別人，禮貌待人。由於個人的習慣，工作分工不同，有的職位需要多接待顧客，有的職位則需要集中精力，避免干擾和影響。作為主管，要心中有數，不可強求一致。

在工作安排上，在業務批閱等方面不可優柔寡斷，要有自己明確的工作原則，並且要堅持正確的工作原則，對下屬的工作分配，要言出必行，樹立良好的工作形象。

以上幾點都是新時期一名CFO所應當樹立的新觀念，在形勢不斷發生變化的二十一世紀，只有不斷地更新觀念，才能真正實現角色的轉變，從傳統意義上的「帳務人員」變成現代的「理財專家」，做一名合格的CFO。

三、現代CFO應該具備全面性的素質和能力

一名優秀的CFO應具備的素質主要包括道德素質，知識素質以及身體素質等幾個方面。

☑良好的道德素質

CFO是現代企業核心部門的負責人，由於其所處位置的重要性，其道德素質對企業的發展至關重要。CFO的道德素質主要有以下幾個方面：

(1)作風正派。一個優秀的CFO應當具有良好的工作風格，不論做人還是做事都必須實事求是、光明正大。在財務管理工作中遵紀守法，嚴格按規章制度辦事，堅持原則。

(2)有敬業精神。一名優秀的CFO應當熱愛本職工作，把工作視為一種需要和自我價值的實現。在工作中，勤懇踏實，不斷追求創新，自覺學習相關工作知識與技能，不斷提高自身業務能力。

(3)對企業忠誠。主要表現在，視企業利益高於自身利益，不做任何不利於企業的事情。針對企業財會工作中的各種商業機密，CFO要應當嚴格保守，並自覺維護企

業形象，並為企業的發展積極規劃實行。

☑廣博的知識面

企業財務管理是一項專業性很強的工作，CFO作為企業財務部門的負責人，必須掌握一定的專業知識，才能做好企業的理財工作。

(1)CFO必須具備微觀與宏觀經濟學知識。這些知識給CFO以正確的思維方法，使自己能比較好地把握經濟形勢對企業經營的影響。要分析經濟環境、經濟形勢，離不開宏觀經濟學中對政府貨幣與財政政策的知識；而微觀經濟學中邊際成本與邊際效益以及市場運作原理對於正確地進行企業財務決策又至關重要。

(2)CFO必須熟練掌握會計知識。CFO進行財務管理活動最重要的訊息來源便是會計帳目，企業的一切活動和營運情況都在會計帳目中有所表現。

CFO在進行各種財務經營決策時，都要用到會計帳目所提供的各種訊息。

(3)一名優秀的CFO還必須掌握相關的專業知識以及國家有關財務、會計工作的政策法規。CFO還必須對企業生產的產品有較深刻的瞭解，產品性質不同，其所需資金運轉情況便不一致。CFO不應侷限在自身所處的部門，而應對整個企業各個方面有全盤認知，這樣才能更好地展開工作。

☑CFO應具備的能力

一名優秀的企業CFO作為「主管」，他還必須具備一定的組織能力、溝通協調能力和分析判斷及用人能力。

(1)組織及協調能力。CFO的組織能力是指策劃指揮、安排調度的能力。CFO應當把其組織建設成為一個有較強凝聚力和戰鬥力的團體，實現團體目標的決策，並領導他們完成既定任務，接受企業最高決策層所要求的工作等。

此外，財務管理工作中各職位的設置，財務資訊的取得與處理，報表的編制，以及投資、籌資和利潤分配等活動都需精心組織，周密安排。每一個環節都容不得半點差錯，這的確需要CFO有較強的組織能力。

(2)分析判斷能力。CFO應具備從各種相關資訊中分析出自己在企業所面臨的各種問題及相應解決方案的能力。從外在來看，CFO應具備對整個宏觀國民經濟的發展趨勢，以及市場環境變化的分析判斷能力。根據市場上的財務機會和財務風險，為企業的財務決策提供依據。從內部來說，CFO應當從企業複雜的各種財務活動中，發現其規律性的東西，找出存在問題並提出解決方案。

(3)參與決策的能力。CFO作為企業最為重要的部門主管之一，會經常參與到企業的各種決策活動中。當然，CFO在這其中的主要職責是當好參謀，為最高決策層的定案提供建議和資金、財務方面的支援。CFO應當從儘可能降低耗費、掌握資金、提高效益的要求出發，從財務角度對各種決策方案進行分析、研究和評價，為最高決策層最終做出決策提供依據、當好參謀。

⑷溝通與交流能力。要想做好CFO僅靠一個人的力量是遠遠不夠的，你必須有效地與別人進行交流與溝通，這樣才能減少彼此之間的分歧，進而獲得別人和其他部門的支持。只有團結合作，才會使企業各部門凝聚在一起，形成一種向心力，讓企業在市場競爭中贏得整體優勢，自己的工作價值此時方才得以展現。

⑸用人及培養人的能力。CFO作為企業的一位部門負責人，要學會有效地培養和使用人才。藉助於人才的力量，使一人的智慧和才能變成眾人的智慧和才能，進而帶動整個財務工作的順利開展。同時要注意適當分權，讓下屬分管部分「掌權」，讓自己從繁瑣的具體事務中脫離出來，凡事不需事必躬親，集中精力考慮和做好全域性的財務管理工作，這是對一個優秀的的重要要求。

四、CFO不僅應具備理財能力，還要具備一定的領導才能

要想做一個出色的CFO，並不是一件容易的事。因為CFO的工作不僅需要較高的專業技能，要講究科學性，而且還要講究藝術性。作為一名主管，你不僅要自身做得出色，而且要使自己主管的部門工作有成效，你除了應具備理財能力，還要具備一定的領導才能。

CFO在企業中的位置是一個部門主管，對上，有經理層及其交給的各項任務；同級之間，需要其他部門的配合與支持，而各部門又有各自不同的需要；對下，有一群不同個性、不同類型的下屬。而又由於財務部門是企業各方經濟利益矛盾的聚合點，處在CFO這個位子上的你，在工作中常常處於進退兩難的境地。

人與物是不同的，人有個性、有思想，要想讓人動起來，發揮其內在潛能，這要比讓你手上的資金動起來要難的多。這是一門藝術，你要用心去體會不同人的內心需求是什麼。作為CFO，你不僅要研究財務問題，還要研究人，因為人一旦動起來，其能量可是巨大無比，這可能會給你帶來許多裨益，但處理不好，也會深受其害。

那麼，你該怎樣做呢？

☑對上司擔負起自己的職責

對上司，CFO要認真擔負起自己的責任，尊重並執行上司的決定，接受上司的指導與培養，以自己的實際工作為上司排憂解難。

在上司看來，CFO應做到以下幾點：

全力地按公司的要求完成任務，一切從企業利益出發，代表公司利益對下屬有足夠的控制力並充分調動他們的積極性具備全域觀念，從企業整體策略出發，協調財務與生產、行銷等部門的工作，為提供決策參考，為高層決策預作規劃。

⑴為高層的決策做好參謀。企業的經營決策，是關係到企業總體發展的至關重要的決策。由於財務部門是一個綜合性強、聯繫方面和訊息反應較為靈敏的部門，財務指標、資金運用量和資金周轉速度等等，反映了企業生產經營活動的主要內容。所以，CFO應該從儘可能地降低耗費、掌握資金、提高效益的要求出發，從財務角度對各項經營方案進行分析、研究和評價，為最終做出決策提供依據、當好參謀。

⑵為決策項目實施提出資金管理。CFO要為公司的經營決策提供依據，一旦決策實施，CFO的任務就轉變成為方案實施籌措資金，在籌資過程中，CFO還要比較各種籌資方案的籌資成本，選擇經濟合理的籌資組合，從時間上、數量上保證資金

的供應。CFO還要管好、掌握資金，減少和避免資金使用中不合理的浪費，提高資金的使用率。對於資金運用中出現的問題應及時發現、解決，以加速資金周轉，提高資金的利用效果，為實現企業目標提供財務保證。

(3)利用會計資料。分析控制成本費用開支，提高企業管理能力，謀求公司資本增值，是CFO的重要工作目標。產品的耗費只有在低於新產品銷售價格的情況下，企業才有效益可言。因此，充分利用會計資料，經常分析產品成本，透過建立、健全成本費用管理制度，嚴格控制生產耗費，不斷降低產品成本，也是CFO配合、支援公司實現企業目標的重要內容。

(4)實行財務監督，保障資金安全。對公司的經營成果負有保全責任，CFO應該利用價值形態對企業的經濟活動進行控制和監督，對企業開展全方位的、綜合的、連續的分析，全面評估企業的經營績效，肯定成績，找出問題，分析考核企業財務收支情況，加強對企業生產經營活動的控制、指導和調節，有效、合理地運用資金，保障資金安全，協助公司進行保全資產及經營成果的任務。

(5)提供解決之道，而不是只提出問題。CFO在協助、支援完成企業目標時，要特別注意一個問題，這就是要讓公司認為你是在提供解決問題的辦法，而不是總在提出問題。因為，CFO的主要職責之一是隨時注意公司在財務方面的困難問題，在問題演變為「大災難」之前，及時地發現危險信號，但是，發現問題只是成功了一半，更重要的是要及時解決問題。如果你在發現問題而未能解決時去找高層，雖然你及時匯報了問題，但次數多了，高層就會把你的名字和「問題」總是聯繫在一起。

作為有創意、有能力的部屬，應該能為上司減輕負擔，解決問題而不是製造問題。不妨採取這樣一種方式，向上司說明問題，並告訴他你將如何解決這些問題。然後將解決的辦法列出來，這是你的責任。並且，這樣做會使你成為一個獨立的個人，一個有能力解決問題的CFO。你會從解決問題中受益，並獲得上司的器重與賞識，使你與上司之間的合作更加愉快。「解決取向」和「問題取向」是兩個有著極大差異的概念，如果你經常以解決取向來面對上司，他對你的認識將有很大改變。另外，告訴上司解決問題之道還有一個好處，你可以避免他把一些你難以接受的解決辦法強加給你。

☑給下屬成長的機會

對下屬則要予以幫助、扶持，給他們有成長和磨鍊的機會，建立與下屬的關係，充分調動他們的工作積極性。在下屬看來，CFO應該做到：維護部門的利益，能容忍下屬的錯誤和部門中非正常的狀態，對上司有影響力，能為下屬說話，能與下屬打成一片，但又把自己看成是一個管理者，在必要的時候，敢於對自己的上司提出不同的意見。由此看來，你不僅要打點好企業的財產，不僅要能在面對一堆資料與報表時參悟其中玄機，還要能有效地與人交往。

☑有效地與人往來

(1)CFO應當學會有效地組織與安排各項工作。主要是指在充分研究部門內部每個員工個性、能力的基礎上，合理編制職位和配備相關人員。合理的分工，可以使之既相對獨立而又彼此銜接；有效地互相牽制，使之既能協調又可約制。同時，各種健全的部門內部規章管理制度，也是十分必要的。在制定制度時，要因實際情況不同而不同，要切實、具體，可執行性強。

有效的規章制度，可以大大提高工作效率，減少工作中的推諉現象，工作中的摩擦與員工之間的不愉快會大大減少，由此在部門內也容易形成一種合作、團結、向上的氛圍。這個時候每個人的潛能才能得到最大發揮，這也正是你所需要的。

CFO應該能夠明確地描繪出組織及其成員未來的發展目標。這種目標一定要簡潔，具有吸引力，而且令人印象深刻。如果下屬對自己的事業前途毫無概念，則要協助他們找尋目標並全力以赴。

(2)你要掌握與人溝通與交流的技巧。其中很重要的便是商談。這是管理者的一種重要工作方式，是一項科學性與藝術性很強的東西，作為CFO應合理、充分的運用這一工作形式。掌握商談的技巧，對管理的有效性是十分重要的，在商談過程中要善於抓住問題重點，要善於將談話引向深入，要善於針對不同對象注意角色轉換，當然最重要的還是要利用商談來達到溝通與交流並消除彼此間由於誤解等原因造成的各種消極因素。

必須強調的一點，便是財務部門的工作不是靠CFO一個人能做的，CFO必須具有團隊精神，必須處理好與下屬的關係，這往往是部門績效高低的關鍵所在。你縱使神通廣大，但畢竟靠一個人的力量，很難完成公司的理財重任。只有充分調動部門內每一位員工的積極性，使它成為一支精良的財務團隊，充分發揮團隊的力量，方可完成公司的理財工作。

(3)樹立必要的威信。首先，要展示你的理財才華。作為公司的財務部主管，你應具備較高的財務管理理論知識，應具備嫺熟的處理財務事務的基本功力，還應具備豐富的理財實踐經驗和理財技巧。只有這樣，你才能在解決企業和部門內部重大財務問題時應付自如。

其次，要展現你的人格魅力。在工作中應當嚴謹求實，一絲不苟，這是由財務工作的特殊性所決定的。此外你還應當培養良好的個人道德品質，注意自己的團隊合作精神與創新意識，不斷提高自身修養，不僅具有權力，更要兼具魅力。

做財務是一門學問，做主管也是一門學問，前者側重於科學性而後者更具藝術性，要成為一名優秀的CFO，你就必須使二者達到最為完美的結合。

(4)出現問題時要冷靜處理。優秀的領導者不會大發雷霆亂發脾氣，而會把精力放在如何解決問題上。危機出現時，下屬需要的是一位冷靜踏實的領導者，而不是暴跳如雷的上司。

一名優秀的CFO在做好公司財會工作的同時，往往在公司內部同上司、其他部門主管及下屬的關係都十分融洽。但是由於各種客觀原因，如公司規章制度的不盡合理、工作方法的不同以及大家價值取向的不同等方面導致與其他部門或周遭同事發生各種的衝突也是比較常見的。這種衝突往往帶有不定期的破壞性，會造成企業或部門不團結，力量相互抵消甚至破壞，造成許多不應有的損失。

遇到此類問題，CFO一定及時進行認真地分析並予以妥善處理。在處理這些衝突時要注意如下兩個方面：

第一，要儘可能使衝突雙方包括自己都靜下心來，從公司的整體利益出發，坦誠相待，在相互理解的基礎上清除分歧，解除衝突，這是解決問題的關鍵之所在。

第二，在必要的情況下，可以藉助主管或者協力廠商的力量來協調雙方的衝突，作為一名局外人，他們可以更好地幫助化解衝突，雙方握手言和，為公司的發展而共同奮鬥。

五、妥善協調企業運作的各種財務關係

隨著經濟的逐漸發展，企業所面臨的各種環境也越來越複雜，激烈的市場競爭使企業面臨著巨大的生存壓力。在這種背景下，企業必須及時獲得足夠的財務支持以便使企業能夠生存下去，這時有效的財務公關就變得十分重要，因為它可以說明企業實現其目標。

在生產經營過程中，企業必然會與企業內外的有關單位和個人發生各種財務關係，這些財務關係狀況的總稱即為企業運作的財務環境。財務環境狀況的好壞直接影響著企業各項財務活動的開展，影響著企業的資金運作，並進而影響著企業生產經營的順利進行。由於財務環境的特殊形成原因及其重要作用，企業CFO在理財活動中必須

妥善協調企業運作的各種財務關係。一定的財務環境，是在大量的日常財務活動中形成的，其日常財務關係處理的主體當然應該是企業的財務管理部門。所以由企業的CFO親自去處理和協調這些財務關係，無疑是能夠有比較好的效果。

一般來說，企業在生產經營過程中，面臨的外在財務環境主要包括以下幾個方面。

☑與政府部門的財務關係

政府作為社會經濟管理者，必然要與企業發生多方面的關係。與企業生產經營活動發生財務關係的政府部門主要是財政部門和稅務部門。

(1)財政部門。財政部門作為政府重要的職能部門，負責制定企業的有關財務制度、會計制度、稅收政策等。這些制度和政策直接影響著企業的財務行為。企業與財政部門的財務關係極為密切和重要。

(2)稅務部門。稅務部門是專門負責稅收徵管的政府職能部門。不論在哪個國家，也不論實行何種經濟制度，所有的企業都無一例外地要與稅務部門發生稅收繳納關係。

作為企業的CFO，協調與政府部門的財務關係主要是要瞭解政府對企業的財政、稅收政策的有關動態，尤其是在一些特定領域（或行業）對企業在財務、稅收上有何特殊優惠政策、要求，企業能否爭取到這些政策，等等，這些對於企業的發展來說是非常重要的。按照市場經濟的一般原理，企業與政府的關係是依法納稅，依法經營，你沒有必要，也不應該需要花費很多時間和精力與政府部門協調有關財務關係，而是指只有CFO才能準確地表述企業的經營行為和經營思想，實現與政府部門的溝通，進而處理好與它們的關係。

☑與所有者（投資者）的關係

企業的最終所有權是屬於各投資者的，企業的各項理財活動只是在所有者確定的企業財務預決算的架構下進行，所有者的經營方針和投資計劃決定著企業CFO的各項理財行為，影響著企業發展的財務狀況。

按照公司管理結構，與所有者的關係具體表現為與公司股東大會、董事會的關係。公司制的企業因其投資者多元化，而不同的投資者對投入的回報要求可能並不一致，因而必然地對企業提出各種不同的回報要求。如有的希望分紅多一些，投資回收期儘量短一些；有的則從企業長遠發展出發，短期內對收益回報並無特別要求，甚至還希望透過進一步追加投資以利於企業長遠的發展。這些不同的出發點，必然影響企業的生產經營政策，影響到公司的長遠發展。

投資者將資金投入企業後，有權力要求得到相對的回報，這也是投資者選擇一項投資行為的目的所在。但從企業的發展來看，在短期內分紅不利於企業的長遠發展，需要將利潤留於企業繼續用於生產經營，也許還需要各投資者對企業進一步追加投資，所有這些，對企業本身的發展來說都是極為重要的。因此，企業的CFO要出面協調好與投資者的關係，妥善處理好投資者對回報的短期要求與企業長遠發展的關係，要向投資者全面陳述短期分紅對企業發展的影響，使投資者認識到進一步追加投資的必要性。

☑與債權人的關係

在生產經營過程中，企業必然要求發生各種融資行為，一切營運資金的取得都依靠自己的力量既不實在，也不明智。正如前面所論述的，企業融資可以向銀行或其他非銀行機構貸款取得，也可透過市場環境進行直接融資，如發行企業債券，除了取決於國家的金融政策外，也取決於企業與金融機構的財務關係狀況。企業與金融機構活動中信譽好，能按時繳款，將為企業的對外融資創造一個良好的環境；反之，企業與金融機構彼此不信任，經常發生延期繳款的現象，將使企業的各項融資難度增加。

能否順利籌集資金主要取決於企業的信用狀況以及企業的發展前景，但與金融部門建立良好的合作關係依然十分重要。企業CFO積極主動地協調與金融部門等有關債權單位的財務關係，是建立良好合作關係的重要前提。作為債權人，他們最關心是債務的安全狀況，而CFO親自協調處理此事，表示企業對這項貸款（債權）是相當重視的，這從另一個側面也表示了此項貸款具有較強的安全性。當然，企業CFO要協調與債權人的關係，關鍵是要以誠取信，嚴格遵守貸款契約，取得金融部門的信賴；同時，在與金融部門的工作交往中，積極瞭解國家在一定時期的金融政策，也有助於企業在籌資過程中更加順暢。

☑與業務相關企業的關係

與企業發生財務關係的業務相關企業即為企業原料、燃料、運輸、動力、設備等各項生產經營所需的資料和工具的供貨方以及產品（服務）的購買方。

購買材料（設備）或銷售品，必然會與對方發生財務關係，在正常情況下，伴隨著貨物的流動性必然要有相應的資金流動，沒有資金的流動，貨物流動往往不能順利實現。與供貨方的財務關係好，企業就能及時獲得生產經營所需的各項材料和設備，保證生產及時運轉。與產品購買方建立了良好的財務關係，則可加快資金的回收速度，有利於企業再生產的進行。

從企業本身的角度來說，在處理與供貨方的財務關係時往往是希望對方能儘快提供貨物，而稍後或更長一些時間再將貨款付出；而在處理與產品購買方的財務關係時則往往要求對方能儘快將貨款付清。但事實上，不論處理與供貨方還是與銷售方的財務關係，並不總是一帆風順的，特別是在市場經濟還不夠完善的情況下，「三角債」的頻繁出現已影響了不少企業的正常生產經營，並已成為當前經濟生活中極待解決的難題之一。因此，作為企業理財的大管家，CFO必須要在理財活動中與業務相關的企業妥善處理好各種關係。

處理與相關企業的財務關係也是確保企業生產經營順利進行的重要一環。不論與供貨方還是與購買方，都有可能出現一些非常事件會影響到企業的正常生產經營和資金運作，比如貸款沒有及時到位進而影響原材料採購的進行，需要由供貨方先墊付一定的資金等，如果與相關企業的關係良好，在過去的交往合作中，相互信賴，這些問題都不會成為大的問題，比較容易得到解決。但如果與相關企業的這些關係處理不好，購貨款沒能及時到位就無法取得生產經營所需的原料，企業銷貨款的回收可能也沒有那麼順利。因此，由企業出面做一些財務公關是非常必要的，使之與相關企業建立友善的財務合作關係，以保證企業與相關企業的財務關係運轉順暢。

☑協調內部的財務關係

ＣＦＯ及其所主管的財務部並不是一個可以離開其他部門而單獨存在的部門，你需要其他部門的支援。在實施財務管理的過程中，不可避免地要與其他部門打交道，要取得其他部門的支持、配合與理解。只有內部財務關係順暢，才可以保證財務決策暢通，減少內部工作摩擦，使各項財務決策、財務計劃得到高效率，有序地執行。因此，ＣＦＯ應妥善處理好與其他部門的關係。

資金調度不僅是財務人員的事，它還需要整個企業齊心協力，支援財務部門，這樣才能使資金周轉順暢。如果說在資金寬鬆時，可以擴大帳期來擴大銷售，那麼在資金周轉吃緊時，財務部門應該事先通知銷售部門。這樣，銷售部門可以透過公關能力，爭取客戶能先付貨款或縮短帳期，銷售部門當然也可能在價格上要做某種讓步，來擴大銷售，避免因帳期過長而造成的資金吃緊。

如果僅從銷售人員的角度出發，提高銷售量就是他們關注的焦點。他們辛苦在外奔波，對企業的發展貢獻心力。這時如果財務人員批評他們未結帳款過多，批評銷售費用支出過多等等，有時會引起銷售人員的不滿。但企業是一個利益整體，企業運營就像駕駛汽車一樣，路面寬闊的環境下各種駕駛技巧還可試一試，但如果油量有限，或是路面崎嶇的惡劣條件下，就會有些危險了。同樣道理，銷售人員的活動也應服從整個企業的利益。而且司機只是一個人，只要他理解為什麼不能常常加油門就成了。但銷售部門與財務部門互相分隔，是兩個獨立的部門，極可能發生不理解與誤會，因此加強各部門的協調是做好資金周轉的基礎工作。

除了銷售部門，生產部門等也是資金周轉的核心環節。

有人將應收帳款稱為資金後備軍。這話有一定道理，應收帳款正常回收後，資金就會豐裕起來。但在這些後備軍形成之前為了支付各項費用開支，企業已經墊付了大量的資金。這極易造成資金不足，進而產生資金周轉的一些難題。而且企業的實際營運情況遠比這裡所說的複雜。產品不斷的銷售，原物料的不斷買進，各項費用如流水般的支出……這些都會使資金周轉複雜化。

一般說來企業越小，生產部門、銷售部門與財務部門訊息溝通越靈活。企業愈大，或者產品類別多了，生產部門、銷售部門自身管理會變得複雜。這時往往會有生產部門只顧埋頭生產，只想多進原物料，而忽略過多存貨佔用資金對資金周轉的嚴重性。銷售部門盡力擴大銷售是不錯的，但不注意掌握在資金鬆緊背景不同時應採取不同的行銷策略，制定不同的銷售條件，僅靠財務人員是不能使資金正常的周轉。

企業管理階層應注意協調好財務部門與其他部門的資訊溝通。關鍵之一是提高各部門財務合作的意識；關鍵之二是財務部門要加強預測能力，儘量把握下一時期資金鬆緊狀況，希望業務部門配合做什麼，並提前明確的傳達到業務部門。

這裡還要克服一個信任度的問題。一般，在資金寬鬆時，業務部門有增加費用開支的不良傾向，而這時財務部門往往會採用一直緊縮的策略。這樣業務部門反過來又不去執行財務部門的策略。這種情況就麻煩了，這增大了雙方合作的難度。解決問題的核心在於業務部門費用開支有無科學性嚴格的管理。如果有的話，財務部門在資金寬鬆時就比較敢調度、執行。

另一個思路就是將費用支出分為無彈性支出與彈性支出。薪資就是無彈性支出的例子，薪資如果都發不出來，員工就會人心惶惶。獎金就是彈性支出的例子。如果彈性支出依賴臨時談判，規範性差，會不利於財務協調。相反，如果彈性支出規範性強，大家在資金充裕時各有什麼權利，例如可以提高出差時的補助；在資金緊的時候有什麼責任，例如出差時不能坐飛機而改搭火車。這些規定都明確的話，會有利於營業部門與財務部門的合作。

也許有人說：「哪有那麼複雜，業務部門只要業務拓展順利就行了，缺錢？向銀行貸款周轉就該是財務部門的事」。應該說，借錢的確是財務部門的職責所在。但是貸款是得付利息的。而且企業向銀行借款也不是一定就借得到，更不一定能借到自己需要的數額。銀行往往有一個信用額度的政策。銀行根據客戶的信用狀況，根據企業的盈利狀況，償還能力，發展潛力來確定貸款的限額，這就是信用額度政策。它不是指企業一次最多能向銀行借多少錢，而是企業最多的欠債總數不能超過一定的額度。企業的欠債總額稱為貸款餘額。

向銀行貸款也需要業務部門的支援。因為向銀行申請貸款時，一定要說明貸款理由及其用途，說明擔保及償還日期，償還資金來源等事宜。其實銀行最重視的是企業的貸款用途是否可靠穩當有盈利，擔保只是輔助作用，銀行也不希望轉由擔保人來還款。因此，企業的貸款理由及償還條件應該是貸款申請成功與否的關鍵。

當然，企業償還能力強，銀行對貸款理由相對就不那麼在意了。這像一個富有的人偶爾向朋友借點小錢，朋友就不會問他理由。換句話說，企業整體實力是企業信用的後盾。因此，資金調度其實是企業總動員，有人將資金稱為企業的「血液」，它自然與營業部門、生產部門這些部門關係密切。也正因為資金調度的全域性，在中小企業中，資金調度往往是總經理直接控制的。

總而言之，不管企業意識到沒有，企業上下每個人都與資金調度相關聯，所以為了資金周轉順利，每一個員工都應有同舟共濟的精神。

⑴與會計部門的關係。會計帳目是財務管理的語言和基本資訊來源。會計是公司的「記錄員」。公司的一切活動、營運情況都透過會計帳目來表現。在各種會計帳目中，CFO最關心的是現金帳目，因為，現金流動直接關係到投資與融資決策的可行性。當CFO在考慮籌資、投資、股息分配政策以及作財務分析時，都要運用會計帳目的資料。CFO必須掌握會計知識，對於小型企業而言，會計機構與財務管理機構合二為一，CFO既要主管會計工作，又要主管財務工作，會計與財務更是密不可分。

在中型和大型公司裡，財務、會計各有分工。會計部門主管會計，制定財務報表，內部審計，支付薪資，記錄保管會計帳目，各種預算、納稅等工作。財務部門主管與銀行的業務聯繫、現金管理、資金籌措、信貸管理、股息分配、保險、撫恤金管理等工作。因此，CFO與會計部門是緊密相關的，沒有準確、詳實的會計資料，CFO進行各種財務管理工作就無據可依。

⑵與生產、銷售部門的關係。CFO必須熟悉公司的生產與產品以及產品的銷售方法、管道。因為，產銷的變化需要求財務管理有與之相應的決策，例如，對資金的需要和產銷變化對現金流量的影響。CFO應協助生產部門編制成本費用計劃，制定

成本管理制度，並依照強化成本責任的要求，按部門別落實責任指標，定期考核執行情況。同時，CFO還應協助銷售部門催收貨款，為公司銷售制定信用政策，此外，CFO還要幫助銷售部門制定合理的收款績效考核獎勵指標，使銷售人員樹立「利潤至上，收款第一」的理念，提高貨款回收率，減少壞帳損失，增加企業經營利潤。

(3)與採購部門的關係。採購部門是成本節約中最容易被忽視的部門，但又是一個最有降低成本潛力的部門，CFO應幫助採購部門制定合理的經濟訂購批量和合理的備用量，以便節省庫存費用，提高經濟效益。一般說來，採購部門與銷售部門從部門的利益出發，希望多儲備一些庫存，以免供應斷貨，而CFO從公司全域利益出發，可以幫助採購部門、銷售部門主管制定更科學合理的採購計劃，取得採購部門和銷售部門主管的支持與配合。

第二節 良好的財務管理從適宜的目標開始

一、應該以企業價值最大化作為財務管理的整體目標

財務管理的目標一般可以表達為使公司所有權股份價值最大化——簡言之，使股票價格最大化。股東財富最大化也為公司解決其在廣泛領域內面臨的財務問題提供一個合理決策的基礎。企業目標和財務管理目標另外一個重要方面是考慮社會責任。行業和政府在建立企業行為準則方面的合作以及企業行為符合法律條款和精神是很重要的。因此，企業應當在外在約束條件內追求股東財富的最大化。價值最大化比利潤最大化範圍更廣和更具有一般性。基於此，它為決策提供了穩固的基礎。

明確財務管理的目標，是做好財務工作的前提。企業財務管理是企業管理的一個

組成部分，企業財務管理的整體目標應該和企業的總體目標具有一致性。由於國家不同時期的經濟政策不同，在體現上述根本目標的同時又有不同的表現形式。

☑以利潤最大化為目標

以利潤最大化作為財務管理的目標，有其合理的一面。企業追求利潤最大化，就必須追求經濟核算，加強管理，改進技術，提高勞動生產率，降低產品成本。這些措施都有利於資源的合理配置，有利於經濟效益的提高。

但是，以利潤最大化作為財務管理目標有如下的缺點：

(1)利潤最大化沒有考慮利潤實現的時間，沒有考慮資金時間價值。

(2)利潤最大化沒能有效地考慮風險問題，這可能會使財務人員不顧風險的大小去追求最多的利潤。

(3)利潤最大化往往會使企業財務決策帶有短期行為的傾向，即只顧實現目前的最大利潤，而不顧企業的長遠發展。應該看到，將利潤最大化作為企業財務管理的目標，只是對經濟效益淺層次的認識，存在一定的片面性，所以，現代財務管理理論認為，利潤最大化並不是財務管理的最優目標。

☑以股東財富最大化為目標

股東財富最大化是指透過財務上的合理經營，為股東帶來最多的財富。在股份經濟條件下，股東財富由其所擁有的股票數量和股票市場價格兩方面來決定。在股票數量一定時，當股票價格達到最高時，則股東財富也達到最大。所以，股東財富最大化，又演變為股票價格最大化。與利潤最大化目標相比，股東財富最大化目標有其積極的方面，這是因為：

(1)股東財富最大化目標考慮了風險因素，因為風險的高低，會對股票價格產生重要影響。

(2)股東財富最大化在一定程度上能夠克服企業在追求利潤的短期行為，因為不僅目前的利潤會影響股票價格，預期未來的利潤對企業股票價格也會產生重要影響。

(3)股東財富最大化目標比較容易量化，便於考核和獎懲。

相對的，股東財富最大化也存在一些缺點：

(1)它只適合上市公司，對非上市公司很難適用。

(2)它只強調股東的利益，而對企業其他相關人員的利益重視不夠。

(3)股票價格受多種因素影響，並非都是公司所能控制的，把不可控制因素納入理財目標是不合理的。儘管股東財富最大化存在上述缺點，但如果一個國家的證券市場高度發達，市場效率極高，上市公司可以把股東財富最大化作為財務管理的目標。

☑以企業價值最大化為目標

傳統上，人們都認為股東承擔了企業全部風險，也應享受因經營發展帶來的全部稅後收益。所以股東所持有的財務要求權又稱為「盈餘要求權」。正因為持有盈餘要求權，股東在企業業績良好時可以最大限度地享受收益，在企業虧損時也將承擔全部虧損。與債權人和員工相比，其權力、義務、風險、報酬都比較大，這決定了他們在企業中有著不同的地位，所以傳統思路在考慮財務管理目標時，都更多地從股東利益出發，選擇「股東財富最大化」或「股票價格最大值」。

但是，現代意義上的企業與傳統企業有很大差異，現代企業是多邊契約關係的總和，股東當然要承擔風險，但債權人和員工所承擔的風險也很大，政府也承擔了相當大的風險。從現今的角度來考察，現代企業的債權人所承擔的風險，遠遠大於以往的債權人承擔的風險。

財務管理目標應與企業多個利益團體有關，是這些利益團體共同作用和相互妥協的結果。在一定時期和一定環境下，某一利益團體可能會起主導作用，但從企業長遠發展來看，不能只強調某一利益團體的利益，而置其他集團的利益於不顧，也就是說，不能將財務管理的目標僅僅歸結為某一集團的目標，從這個意義上來說，股東財富最大化不是財務管理的最優目標，在社會主義條件下更是如此。

從理論上來說，各個利益團體的目標都可以折衷為企業長期穩定發展和企業總價值的不斷增長，各個利益團體都可以藉此來實現他們的最終目標。所以，以企業價值最大化作為財務管理的目標，比以股東財富最大化作為財務管理目標更科學。

企業價值最大化是指透過企業財務上的合理經營，採用最優的財務政策，充分考慮資金的時間價值和風險與報酬的關係，在保證企業長期穩定發展的基礎上使企業總價值達到最大。這一定義看似簡單，實際包括豐富的內含，其基本思想是將企業長期穩定發展擺在首位，強調在企業價值增長中滿足各方利益關係，具體內容包括以下幾個方面：

(1)強調風險與報酬的均衡，將風險限制在企業可以承擔的範圍之內。

(2)創造與股東之間的利益協調關係，努力培養安定性股東。

(3)關心企業員工利益，創造和諧的工作環境。

(4)不斷加強與債權人的聯繫，重大財務決策請債權人參加討論，培養可靠的資金供應者。

(5)關心客戶的利益，在新產品的研製和開發上有較高投入，不斷推出新產品來滿足顧客的要求，以便保持銷售收入的長期穩定增長。

(6)講求信譽，注意企業形象的宣傳。

(7)關心政府政策的變化，努力爭取參與政府制定政策的有關活動，以便爭取出現對自己有利的法規。

企業價值最大化這一目標，最大的問題可能是其計量問題，從實踐上看，可以透過資產評估來確定企業價值的大小。

以企業價值最大化作為財務管理的目標，具有以下優點：

(1)企業價值最大化目標考慮了取得報酬的時間，並用時間價值的原理進行了計量。

(2)企業價值最大化目標，也要考慮風險與報酬的聯繫。

(3)企業價值最大化能克服企業在追求利潤上的短期行為，因為不僅目前的利潤會影響企業的價值，預期未來的利潤對企業價值的影響所起的作用更大。

進行企業財務管理，就是要正確權衡報酬增加與風險增加的得與失，努力實現二者之間的最佳平衡，使企業價值達到最大。因此，企業價值最大化的觀點，展現了對經濟效益的深層認識，它是現代財務管理的最優目標。所以，應以企業價值最大化作為財務管理的整體目標，並在此基礎上，確立財務管理的理論體系和方法體系。

如同從利潤最大化向股東財富最大化轉變一樣，從股東財富最大化向企業價值最大化的轉變使財務管理目標理論向前邁進了一步。

二、財務管理目標的特點和個別目標

不同的財務管理目標，會產生不同的財務管理運作機制，科學地設置財務管理目標，對優化理財行為，實現財務管理的良性循環，具有重要意義。因為財務管理目標作為企業財務運作的導向力量，設置若有偏差，則財務管理的運作機制就很難合理。因此，研究財務管理目標問題，既是建立科學的財務管理理論結構的需要，也是優化企業財務管理行為的需要，無論在理論上，還是在實踐上都有重要意義。

☑財務管理目標的特點

(1)財務管理目標具有相對穩定性。任何一種財務管理目標的出現，都是一定的經濟、政治環境的產物，隨著環境因素的變化，財務管理目標也可能發生變化。例如，西方財務管理目標經歷了「籌資數量最大化」、「利潤最大化」、「股東財富最大化」

等多種方法，這些方法雖然有相似之處，但也有很大的區別。人們對財務管理目標的認識是不斷深化的，但財務管理目標是財務管理的根本目的。對財務管理目標的概括，是符合財務管理基本環境和財務活動基本規律的，就能為人們所公認，否則就被遺棄。但在一定時期或特定條件下，財務管理的目標是保持相對穩定的。

(2)財務管理目標具有多元化。多元化是指財務管理目標不是單一的，而是適應多因素變化的綜合目標群。現代財務管理是一個系統，其目標也是一個多元化的有機構成體系。在這多元目標中，有一個處於支配地位、主導作用的目標，稱之為主導目標；其他一些處於被支配地位，對主導目標的實現有配合作用的目標，稱之為輔助目標。例如，企業在努力實現「企業價值最大化」這一主導目標的同時，還必須努力實現履行社會責任、加速企業成長、提高企業償債能力等一系列輔助目標。

(3)財務管理目標具有層次性。層次性是指財務管理目標是由不同層次的系列目標所組成的目標體系。財務管理目標之所以具有層次性，主要是因為財務管理的具體內容可以劃分為若干層次。例如企業財務管理的基本內容可以劃分為籌資管理、投資管理、營運資金管理、收益分配管理等幾個方面。而每一個方面又可以再進行細分，例如，投資管理就可以再分為研究投資環境、確定投資方式、執行投資決策等幾個方面。

財務管理內容的這種層次性和細分化，使財務管理目標成為一個由整體目標、個別目標和具體目標三個層次構成的層次體系。

整體目標是指整個企業財務管理所要達到的目標。整體目標決定著個別目標和具體目標，決定著整個財務管理過程的發展方向，是企業財務活動的出發點和歸宿。個別目標是指在整體目標的制約下，進行某一部分財務活動所要達到的目標。

財務管理的個別目標會隨整體目標的變化而變化，但對整體目標的實現有重要作用。個別目標一般包括籌資、管理目標、營運資金管理目標、利潤及其分配管理目標等幾個方面。

具體目標是在整體目標和個別目標的制約下，從事某項具體財務活動所要達到的目標。比如，企業發行股票要達到的目標、進行證券投資要達到的目標等。具體目標是財務管理目標層次體系中的基層環節，它是整體目標和個別目標的支撐點，對保證整體目標和個別目標的實現有重要意義。

☑財務管理的具體目標和財務管理的內容密切相關

(1)企業籌資管理的目標——在滿足生產經營需要的情況下，不斷降低資金成本和財務風險。任何企業，為了保證生產的正常進行或擴大再生產的需要，必須具有一定數量的資金。

企業的資金可以從多種管道，用多種方式來籌集，不同來源的資金，其可使用時間的長短，附加條款的限制和資金成本大都不相同。這就要求企業在籌資時不僅需要從數量上滿足生產經營的需要，而且要考慮到各種籌資方式給企業帶來的資金成本的高低，財務風險的大小，以便選擇最佳籌資方式，實現財務管理的整體目標。

(2)企業投資管理的目標——進行投資專案的可行性研究，力求提高投資報酬，降低投資風險。企業籌來的資金要儘快用於生產經營，以便取得盈利。但任何投資決策都帶有一定的風險性，因此，在投資時必須認真分析影響投資決策的各種因素，科學地進行可行性研究。對於新增的投資專案，一方面要考慮專案建成後給企業帶來的投資報酬，另一方面也要考慮投資項目給企業帶來的風險，以便在風險與報酬之間進行權衡，不斷提高企業價值，實現企業財務管理的整體目標。

(3)企業營運資金管理的目標——合理使用資金，加速資金周轉，不斷提高資金的利用效果。企業的營運資金，是為滿足企業日常營業活動的要求而預支的資金。營運資金的周轉，與生產經營週期具有一致性。在一定時期內資金周轉越快，就越是可以利用相同數量的資金，生產出更多的產品，取得更多的收入，獲得更多的報酬。因此，加速資金周轉，是提高資金利用效果的重要措施。

(4)企業利潤管理的目標——採取各種措施，努力提高企業利潤，合理分配企業利潤。企業進行生產經營活動，要發生一定的生產消耗，並取得一定的生產成果，獲得利潤。企業財務管理必須努力挖掘企業潛力，促使企業合理使用人力和物力，以儘可能少的耗費取得儘可能多的經營成果，增加企業盈利，提高企業價值。企業實現的利潤，要合理進行分配。

企業的利潤分配關係著國家、企業、企業所有者和企業員工的經濟利益。在分配時，一定要從全域出發，正確處理國家利益、企業利益、企業所有者利益和企業員工利益之間可能發生的矛盾。要統籌兼顧，合理安排，而不能只顧其一，不顧其他。

第三節 使資本順利營運是CFO的主要任務

一、明瞭財務的基本知識，熟悉基本財務報表

由於每個部門都在競爭財務資源，企業必須對各個投資策略加以評估並訂出時間表。CFO必須明瞭基本會計和財務管理的知識，在各個商業領域擬訂明智的決策，以增加公司利潤，取得更佳的工作績效。

企業以現金流量營運。企業募集資金購置資產，才能為顧客生產產品或提供服務，進而獲取利潤。

企業在營運的過程中，需要現金購買原料，給付員工薪資，現金因而變成產品，再成為公司的存貨。一旦存貨出售，就有現金回收，有可能是銀貨兩訖，也可能是應收帳款，要等到期時才能收到款項，這種現金的變動又稱為「營運資金循環」。

會計是組織衡量其能力普遍的工具，就控制的功能而言，會計提供一張反應企業績效的成績單。透過資料分析，會計有助於每日的現金管理和長期規劃的決定。會計的功能如同企業的內部控制，提供檔記錄、帳目以及稅項統計。

審計是另一項控制設計，可以確保會計活動的精確性，因此經過審計的財務報表被認定是可靠的檔。每個國家對於企業呈報財務報告有特別的規定，所需提供的檔記錄與企業的營業類別有關，對於股票上市公司的規定可能異於獨資或合資企業。

會計方法分兩種：權責發生制和收付實現制。權責發生制的方式是，不論收入是否已收到、費用是否已支出，一旦認定收付將會實現，會計人員便將收入與費用科目依實際完成的時間，登錄在該年度的損益表。

☑瞭解基本財務文件

無論是獨資、合資的企業或上市公司，大企業或小企業，最廣為使用的基本財務檔包括：資產負債表，損益表，現金流量表。

(1)資產負債表。資產負債表是顯示公司在某一時間點的資產、負債與股東權益狀況的財務報告。

資產負債表的公式相當簡單：

資產＝負債＋股東權益（淨值）。

也可倒轉過來以股東權益表示：

股東權益（淨值）＝資產－負債。

資產是透過股東權益和負債融資而取得，它包括有益於營運的存貨與設備。資產和負債若於一年內可以轉變為現金，就算是流動資產和流動負債，否則屬固定資產和長期負債。存貨屬於流動資產，因為通常在一年內可以銷售出去。

(2)充分利用損益表。損益表提供企業在特定期間內營運結果的動態報告。損益表詳列公司的銷售收入、成本、費用，以顯示獲利情況。決定損益的公式如下：

淨利（虧損）＝銷售收入－全部費用。

管理者必須注意營業收入不同於淨利潤。營業收入等於銷售收入減去成本，並未考慮利息費用和稅金，換句話說，營業收入是利息和稅前的淨利。

營業收入＝銷售收入－銷售成本－營業費用－折舊。

數位本身毫無意義，然而數位與數位之間的關係，卻能道出些端倪來。某些端倪是顯而易見的，如果銷售上升、成本下降，則企業正在向上成長；反之，如果銷售下降而成本上升，則企業正處於下坡階段；但如果銷售略降而成本維持不變，或是銷售略升但成本大幅上揚又如何呢？這些數字值得管理者費心思量。是否應該調高價格或是降低成本？如果選擇降低成本，又該如何著手？什麼方法最能有效地降低製造成本、行銷成本或運費成本？

在考察損益表時，務必檢查成本與費用的模式。費用大幅下滑時，通常顯示管理階層對這方面的問題處理得當。反之，費用節節攀升，通常意味著管理階層未能控制好組織。無論成本上升或下降，找出改變的原因總是好的。運用財務比率，並比較財務報表上的資料，比較公司和業界的平均費用，可以使管理階層更清楚公司是否控制得當。

(3)現金流量來自企業各項活動。現金流量表顯示企業在特定期間內如何取得及運用資金，管理者可藉此瞭解有多少營運資金可用，償還即將到期之欠款的能力如何，公司是否還能在業界立足。現金流量表所需要的資訊來自資產負債表和損益表，然而現金流量表提供有關一家公司清償能力的更精確資訊。此外，透過分析現金流量表還可以看出公司的營運策略，並判斷其生命力。

企業可以從企業內部或外在取得資金來源，因此現金流量來自三種主要行為：營業行為、投資行為、融資行為。

☑正確閱讀財務報表

(1)看清幾個關鍵區別：

其一，利潤與現金流量。有時財務報表乍看還相當不錯，但如果應收帳款、存貨或設備成本過高，那麼公司的營運資金可能有短缺之處。利潤不擔保公司的償債能力，現金流量表才能清楚顯示公司如何維護營運的彈性，有多少營運資金可供運用。聰敏的管理者既分析利潤，也分析現金流量。

其二，固定成本與變動成本。固定成本愈高，公司愈脆弱，一旦銷售下降，通常利潤也隨之下降，因為能用來調整成本的項目實在太有限。一般說來，營業成本被認為是固定成本，而貨品的成本是屬變動成本。銷售毛利率是分辨固定成本與變動成本的一個方法：

銷售毛利率＝銷售毛利／銷售收入。

其三，帳面價值與市場價值。會計數字通常反應資產的歷史成本（帳面價值），並不代表資產的市場價值，它通常是以購入成本登錄在帳簿上。例如，某公司二十年前以五十萬美元購入一片土地，但因某種因素至今尚未開發，然而這片土地的市場價值很可能上漲了好幾倍，今天在市場上其價值可能達五百萬美元，但會計師在資產負債表上仍以原來的成本五十萬作報告。

其四，存貨與折舊。在資產負債表上存貨是資產，在損益表上存貨會影響最後結算的本期淨利。存貨的價值，可以「用先進先出法」或是「後進先出法」決定。由於存貨不只一批，其價格也因時而有變動，再加上通貨膨脹的因素，因此年初存貨的成本很可能與後來的成本相左。對公司而言，關鍵在於如何才能得出一個數字，產生公司想要的效果。使用「先進先出法」可能有誇大收益的效果，管理階層能夠美化帳面，增加企業的價值。使用「後進先出法」可能有打折收益的效果，降低了應繳的稅額。

(2)審閱年報務要全面、仔細。公司年報包括了先前說明的財務報表，它可以讓你一覽公司的財務情況。公司年報也包括分析討論的部分，提供管理階層檢查公司的優缺點及未來方向。財務報表上的註解部分，提供更多評估企業的重要資訊，諸如任何的改變、公司重組、新的酬傭制度、法律訴訟，這些事項皆可能影響公司的運作。財務報表對不同的人有不同的用途，主要用途包括：

▼評估營業效益——使用者：管理階層。

▼評估財務狀況——使用者：供應商和客戶。

▼監督管理階層的績效——使用者：股東和債權人。

構。

▼找尋適合投資的公司——使用者：未來的投資人。

▼做信用評等，決定放款的信用額度——使用者：專業評等公司，銀行和貸款機構。

▼向客戶提供投資推薦——使用者：投資分析師、投資經理人、股票經紀人。

▼評估產業的獲利能力、潛在競爭對手的實力，模仿借鑑——使用者：競爭對手或潛在的競爭對手。

▼尋找隱藏的價值——使用者：收購者。

▼評估財務情況——使用者：工會。

▼評估繳稅和運作的合法性——政府機構。

二、財務總監應注意對大量繁複的資料進行識別、運用

財務管理是在一定的整體目標下，關於資產的購置、融資和管理。因此，財務管理的決策功能可以分為三個主要領域：投資決策、融資決策和資產管理決策。其中，財務經理對公司財務貢獻有著非常重要的作用。

財務經理的核心職責與投資決策以及如何籌資相關。在履行這些職能時，財務負

責人對影響企業價值的關鍵決策負有十分直接的責任。

財務決策是透過影響現金流量的大小和公司的風險而作用於公司股票價格水準的。受政府制約的政策決策既影響盈利能力又影響風險，這兩個因素共同決定公司的價值。

無疑，CFO管理會計是可以利用的管理工具，然而工具的使用效果卻取決於使用者本身的技巧。比如，對原始資料的真實性，可靠性和相關性的準確把握，是使管理會計得以發揮作用的前提，否則「garbage in, garbage out（垃圾進，垃圾出）」，得出的結論可想而知。此外，分析的結果也只有放到企業特定的內部和外在環境中加以解釋和闡明才有意義。

「Do the right thing（做正確的事）」而不是「Do the thing rightly（把事做對）」是優秀的CFO和管理會計專家的區別所在。因此，CFO應注意對大量繁複的資料進行識別、運用，並加以整合，運用綜合技能對企業整個價值鍊進行逐一研究，注意非財務資料對財務資料的影響並理解其相互作用，及時將財務分析結果轉化為可操作的行動方案。同時，建立與發展一個優秀的專業團隊也是非常重要的，憑藉團隊力量以及對本地市場及環境的熟悉程度，人際方面固有的溝通優勢，必要時還可以藉助「外在支援」（管理顧問），本地CFO應當具有與外籍CFO一樣的優異表現。值得注意的是，很多外籍同行，表現出強烈的事業進取心和工作積極度，是做好任何工作的出發點。

三、進行資本營運的過程中必須掌握的原則

所謂資本營運，是一種透過對資本的使用價值的運用，在對資本作最有效的使用基礎上，包括直接對於資本的消費和利用資本的各種形態的變化，為實現資本盈利的最大化而展開的活動，資本營運是以資本增值為目的，它與資本的存在相伴隨。它存在於社會經濟生活的各個領域之中。這是從狹義上來理解的資本營運。而從廣義上來說，資本營運還包括籌資過程和投資過程。

我們可以看到資本營運的本質，即透過資金的籌集，並透過資本的交易或使用獲得利潤，求得資本的增值或獲得更大的收益。因此，我們說，資本營運的實現方式也是多樣的。但總之一句話就是要讓資本動起來、轉起來。道理是明顯的：資本一旦閒置，實際上也就失去了其作為資本的功能，也就不能稱其為真正的資本，只能叫貨幣、零件或存貨。此時的所謂「資本」，已經沒有「增值」能力。

具體來說，資本營運主要有以下三個方面作用：

(1)資本營運對於資本來說是一個增值的契機。企業應該把資本投入到社會最急需發展的部門、行業、產品上去，使之取得好的經營效益，使資本不斷獲得增值，擴大資本存量。

(2)資本營運促進了資本的流動。而這種流動除了對企業本身有著收取增值的作用之外，還可以對整個經濟結構和企業的運作結構的調整起著及時導向的作用。我們知道，資本市場最核心的作用與功能就是實現資本的最高效率的配置，因此，透過企業的資本經營，既可以發展企業本身，又可以實現社會產業結構和企業產品結構的合理化，實現企業和社會的「雙贏」。這無疑對壯大經濟以及企業本身都是大有裨益。

(3)資本營運對企業的資本結構的調整也有著非常重要的理論意義和現實意義。更明確地說，資本營運的效果可以使資本結構優化，同時，一個高效率低摩擦的資本結構又可以促進資本營運的更有效運作。

資本營運是一個廣義上的概念。我們知道，資本一定要投入到社會經濟生活的各個部分之中去，才能稱之為資本。而資本營運就是把資本投放到最能賺錢的領域之中，使資本得到最大限度的增值。這就是說，任何企業都要面臨著一個資本營運的問題。而對於一些企業而言，資本營運更是一個核心的概念。

而在企業的資本營運運作過程之中，CFO是其運作的靈魂，是最終的決策者。正是CFO透過對當前社會經濟、科技、市場等方面的形勢的判斷，決定企業的：

▼籌資方式與數量。

▼投資方式與數量。

▼企業的兼併重組決策等等。

總之，他們把社會資本由靜變動，活絡資本，是資本營運的原動力。這種決策關係到企業興衰成敗。一方面，要求宏觀的運作方向無誤，大方向沒有失誤，才是最根本的前提；另一方面，要求微觀上的完整性和正確性，即要保證細節上的正確，譬如，資本營運中監控方式是否有效；與各個方面的關係是否協調；財務風險是否防範得當，這些細節上的問題都可能造成資本營運的失敗。

CFO在進行資本營運的過程之中必須掌握以下的原則：

(1)資本營運是以資本導向為中心的運作機制。這要求企業在經濟活動之中始終以資本保值為核心，注意資本的投入產生比率，保證資本形態變換的連續性和繼起性。

(2)資本營運是以價值形態為主的管理。不僅重視生產經營過程中的實物供應、實物消耗、更關心價值變動、價值平衡、價值形態的變換。

(3)資本營運是一種開放式經營。要求打破地域概念、行業概念、產品概念，將企業不僅看做是某一行業、部門之中的企業，不僅是某一地域之中的企業，也不僅僅是生產某一類產品的企業，它是價值增值的載體，是資本增值的形式。

(4)資本營運注重資本的流動性。資本營運理念認為，企業資本只有流動才能增值，資產閒置是資本最大的流失。因此，或者透過各種方式活絡閒置的資本存量，或者縮短資本的流通過程，加快資本循環，避免資金、半成品、成品的積壓。

(5)資本營運透過資本組合來迴避經營風險。由於外在環境的不確定性，使企業的經營充滿風險，為了保障投入資本的安全，要進行「資本組合」。不僅要靠產品組合，而且靠多個產業和多元化經營來支撐企業，降低或分散經營風險。

(6)資本營運是一種結構優化式經營。結構優化包括企業內部資源結構如產品、技術結構的優化；實業、金融、產權等資本形態結構的優化；存量和增量資本結構的優化；資本營運過程的優化等等。

(7)資本營運是以人為本的經營。在企業，尤其是在高科技企業之中，人是企業資本的重要組成部分，人力資源的管理已經不僅僅停留在「潤滑」作用上，技術是發展的靈魂，而人是技術的載體。對人的管理將直接成為企業取得收入，實現資本增值的原動力。將對人的管理作為資本增值的首要目標，確立「人本思想」，不斷挖掘人的創造力，透過人的創造效益獲得資本增值。

(8)資本營運重視資本的支配和使用而非佔有。重視透過合資、兼併、控股等形式獲得對更大資本的支配權。還透過策略聯盟等形式與其他企業合作來開拓市場，獲取技術，降低風險，進而增強競爭實力，獲得更大產資本增值。

(9)資本營運不應該拘泥於企業的組織形式。企業是資本的載體，企業所採取什麼樣的組織形式，是由資本的性質與構成決定的。因此，最重要的是資本而不是它的載體。只要資本能夠靈活，能夠帶來收益，帶來資本增值，採取什麼樣的組織形式對資本營運有利，就應該讓企業自己去選擇，使企業的組織形式能夠適應資本使用和營運的需要。

企業從不同途徑籌集到資金，這構成了企業資本的總和。因此，一個企業的資本來源很複雜：包括股票籌資、債券籌資、銀行借貸等。由於其高風險、高收益的特性，使多數的銀行貸款對其諸多限制。加上，它們又沒有太多的能力去維持其償還能力，因此，這種複雜性反而被侷限在少數幾種手段當中。比如，接受風險投資等。但總之，從大體上看來，凝固的資本為流通的資本營運，其目的就是要優化企業的資本結構。

所謂資本結構包括三個方面的內容：一是不同的投資者權益組合情況，二是不同的投資項目與投資數量的資本使用情況，三是企業債務、資本和權益資本構成的企業總資本。

企業進行投資和籌資決策，為了實現企業資本的盈利的最大化，就要依據上述的三個方面的內容，確定一個最優的目標資本結構，以便在相對較小的風險之下，達到實現較低的加權平均資本成本。由於不同的資金來源具有不同的資本成本，對不同產業的資本投向與數量，使得資本的成本耗費差異往往很大，成本較低的資本來源或成本較低的資本使用所占的比重越大，企業加權平均的資本成本越低；成本較高的資本來源或成本較高的資本使用所占的比重越大，企業加權平均的資本成本自然就越高了。但由於多種因素的綜合影響，企業從單一管道籌資的程度往往是有限的；企業所選擇的資本的投向亦往往是不確定的。

所以，企業整體的資本成本是對多種資產進行有效的組合和正確的投資結果，即在一定的結構下的資本成本。因此必須研究資本與債務的關係，資本主體的構成關係和資本的投入與生產關係，以確定最佳的資本結構。最優資本結構的確定是公司融資決策的中心問題。

四、建立一套完整又科學的企業理財文化

在市場經濟條件下，CFO組織生產經營活動的終極目標應是追求資產的最大增值，實現企業價值的最大化。因此，CFO必須專於理財，並精於理財。但由於企業財務活動涉及到生產經營的各個方面和每一個員工，因此可以想像，在一個企業當中，僅僅依靠CFO本人及企業財務部門的理財是不夠的。

要做好理財，取得理想的理財效果，應努力在企業內部塑造一種企業理財文化，樹立全員、全程理財的觀念。在理財活動中，必須堅持人本主義的理財觀，按照調動人員的積極性原則展開企業各項理財活動。

在現代企業中，企業文化作為一種新的管理理論，已被越來越多的企業採用，並產生了積極的效果。在塑造企業文化的同時，應努力塑造企業理財文化，以取得好的理財效果。企業理財文化應是企業文化的一個重要組成部分。

從企業文化的理論和實踐的發展來看，企業文化對於調動企業全體員工的生產積極性，促進企業圍繞一定時期的生產經營目標積極開展生產經營活動產生了積極的作用。而理財是企業經營管理最為重要的組成部分之一，涉及到企業內部的各環節，因

此，在理財過程中，CFO要重視企業理財文化的塑造，透過創立企業理財文化樹立財務觀念，提高企業財務管理能力。

☑優秀的企業理財文化應具備的功能

企業理財文化，是企業文化的一項重要組成部分，它是指在一定的社會經濟、政治、文化等環境的影響下，由企業財務部門和全體員工在長期的理財活動中，共同創造出來的理財成果和理財精神成果表現形態的總和。企業理財文化是企業文化教育的內容之一，它具有歷史傳承性和漸進性，任何一種企業理財文化的誕生，都是源於對歷史的傳承和現實發展的進取。

企業理財文化呈現的一種理財哲學，是一種群體意識。研究企業理財文化的出發點和立足點是企業財務管理狀況的改善。CFO應該成為企業理財文化的培養和宣導者。

一個成熟、優秀的企業理財文化應具備以下幾個方面的功能。

(1)可以全方位地研究企業的理財情況，並闡明企業內部各部門與企業財務管理部門的內在聯繫。

(2)可以減少理財中的無形消耗，增強凝聚力。

(3)可以對企業內部各部門及全體員工在處理各種經濟問題時做到心理上的約束作用，強化他們的自覺管理意識。

(4)理財文化是一種道德規範，能促進員工自覺地按照這些標準來規範自己的思想和行為，形成良好的理財基礎。

(5)能對員工的理財思想、觀念有潛移默化的作用，使員工自覺或不自覺地將個人融合到團體的理財活動中。

(6)可以激發員工的熱情，認識到自己的工作意義。

(7)優秀的企業理財文化對企業的財務管理活動將產生很大的影響，能夠提高企業的知名度，提高企業的市場競爭力，在一定範圍內和地區內產生一定的影響。

☑企業理財文化也是一種非常重要的財務管理活動

企業理財文化是企業財務管理的思想靈魂，是加強財務管理，改善財務狀況的精神力量和才能因素。

企業理財文化是企業在長期財務管理活動中，在成功經驗和失敗教訓的基礎上，逐步形成的獨特財務管理方式和財務管理方法，因而這種管理方式和方法實現了企業對社會責任的認識及企業內部財務管理人員對自身工作意義的瞭解。

企業理財文化的核心是理財價值觀念。它是企業財務管理的基本思想和信念。企業理財文化價值觀念的形成過程，實際上就是全體成員對企業財務管理部門所宣導的價值標準的認同過程，進而使企業的這種價值標準成為員工行為的基礎，達到使不同個性的成員為同一財務管理目標奮鬥的目的。

企業理財文化強調的是企業的整體力量，與傳統的財務管理相比，它偏重於企業群體的動機和行為，要強調財務管理「以人為中心」的思想，把塑造新的價值觀念放在首位，培養和優化員工理財的素質，培養優秀的理財高手。同時，透過加強企業財務管理部門的凝聚力，建立融洽良好的部門人際關係，充分發揮整體優勢。

建立企業理財文化的根本目的是為實現企業經營目標服務，它不僅實現在財務管理意識上，而且實現在財務管理方法、管理制度上，因此，企業理財文化也是一種非常重要的財務管理活動。

☑塑造企業理財文化的基本原則

不同的企業情況不同，其理財文化的內容可能是各不相同的。但在塑造理財文化的過程中，其所遵循的基本原則、基本架構應是一致的。一般來說，建立良好的企業理財文化必須遵循以下原則。

(1)目標原則。企業必須擁有一個明確的理財目標，並讓每個員工明白其工作與實現這一目標之間的密切關係。

(2)價值觀念原則。企業必須擁有一些共同的價值觀念，如節約觀念、成本觀念、效率觀念、時間觀念等，全體員工要共同遵守、實踐。

(3)追求卓越觀念。企業在理財活動中必須培養卓越的精神，永不放鬆，不斷創新，激發每個員工在理財中全力投入。

(4)參與原則。企業在財務管理中必須實行民主精神，讓每一個員工參與企業財務管理，重視員工個人對財務管理的各項建議，充分發揮員工理財、提供各項建議的積極性。

(5)成效原則。在財務管理中，不但要將利益分配與工作成效結合，還要將激勵與在財務管理中所發揮的作用有效連結，充分調整員工參與財務管理的積極性。

(6)共識原則。企業財務管理的各個環節，各個方面應在全體員工中達成共識，增強全體員工的信心和決心，增強全體員工的合作，減少內部摩擦。

(7)公平正直原則。財務管理機構在企業一系列重大的理財活動中必須是客觀公正的，理財人員必須有正直的品格，這樣理財人員可以依其力量，引導和強化各個部門的理財行為，促進企業理財能力的提高。

(8)一體原則。要創造出一種企業與全體員工是一個完整的經營整體的觀念，使員工對理財活動充滿使命感，樹立起對企業發展有一種「危機感」，能與企業共度難關。

☑建立企業理財文化的基本內容

不同企業理財文化的具體內容各不相同，而且由於企業的發展以及其面臨的外在市場環境的變化，同一個企業在不同的發展階段，其理財文化的內容也可能並不一致。

從整體的架構來看，主要包括以下一些基本內容，企業財務管理的價值觀念；企業理財哲學；企業財務管理精神；企業財務管理制度；企業理財道德觀念等。它們之間相互牽聯，相互制約，共同構成企業理財文化的整體。

在企業理財文化的塑造過程中，是至關重要的。的經營哲學觀念、價值觀念、道德意識、管理風格在很大程度上決定和影響著企業理財文化的形成與其具體內容；要負責制定理財文化建設的總體方案，負責方案的執行工作，並且要以身作則，身體力行，帶頭貫徹企業的理財行為規範，成為企業理財文化的典型和楷模。

第二章

資產管理——薪資財務制度

第一節 合理的薪資制度應能夠保持員工的報酬滿意度

一、為了保持均衡的制度必須考慮的因素

為了保持員工的報酬滿意度，各個公司都建立了相應的制度，其目的在於保持公司的薪資水準在內部比較及與其他公司的外在比較中處於均衡狀態。

員工的薪資與勞動力市場的薪資標準不一致，會給公司帶來潛在的嚴重問題。後果之一就是：公司無法招募到所需人才，原有人才也會紛紛離去。當然，保持薪資均衡的代價也是相當高的。如果一個公司試圖支付員工可能獲得的最高的競爭性薪資，那麼，員工就會以最高的薪資要求，以迫使公司提高自己的薪資。這樣就產生了一種決定薪資水準的市場制度，和體育界的自由經紀人制度很相似，既費時又費力，還可能導致內部失衡；另外還會導致員工以自我為中心，而不是先考慮公司利益然後再考

慮自己的薪資。

公司內部薪資失衡會導致員工對公司不滿、消極怠工、對公司薪資制度缺乏信心。此外，公司內部薪資失衡還會導致公司內部衝突，既耗時又耗力。然而保持公司內部薪資高度均衡，會造成公司付給某些員工的薪資水準明顯高於市場水準，以致競爭成本增大；同時也會造成某些員工的薪資水準低於市場水準，因此破壞了外在均衡。

內部均衡與外在均衡之間一直存在著衝突，為了吸引和留住部門所需要的人才，一線的管理者寧願犧牲內部薪資均衡。人力資源管理者則必須從整個公司的角度出發，他們常常與一線管理者意見相反，他們認為不顧代價招募人才有損於內部薪資均衡，他們堅持職位評估與薪資調查制度的完整性，以避免超出職位評估制度的例外大量出現時，所可能導致的衝突。這種困境是難以擺脫的；沒有一個薪資制度能消除這一點。這種平衡必須不斷地加以管理，以減少問題並保持一種靈活而又經濟的報酬制度。

☑職位評估

在美國，決定薪資的最常用方法是透過職位評估制度來評估某一職位在公司的價值，大約七十五％的美國公司使用這一方法。簡而言之，職位評估的第一步是對公司內部不同職位進行描述；然後，各單位根據一系列因素進行評估：工作狀況，必要的知識，必要的管理技能以及其重要性。每個因素的得分都根據標準得出，這樣，總體得分可以用來評定不同職位的級別順序。

該步驟完成後，接著進行薪資調查以瞭解其他公司類似職位的薪資水準。在此過程中必須確保其他公司的相應職位具有可比較性。薪資調查、勞工法規、勞動力市場情況以及公司的付酬意願等因素使職位薪資額度得以最終確立。所有職位可分成若干類，各類的薪資額度也不同。相應類別的員工薪資標準由以下因素決定：工作表現、年資、經驗以及其他由公司確定的因素。

不斷改進的職位評估制度並沒有徹底解決薪資均衡問題，總有些人感到不滿意，有工人也有管理人員，他們認為職位評估制度不公平。就目前的複雜狀況而言，進一步完善職位評估制度，提高人力資源部門的分析能力以及聘用顧問都只能起到有限的作用。霍華德·瑞斯曾經指出，「員工對評估程式的反應最終決定該方法的成敗」。如果員工認為薪資和薪資制度是不公平的，這一方式就無法實現目標：使員工滿足於所獲報酬。公司可能認為它的評估體系公正，但是員工的看法卻與公司及人事專家的觀點相去甚遠。

有幾種方法可以解決這些問題。

(1)公司高層和人事部門應該降低解決問題的期望值，同時對職位評估系統保持低調，這將顯著降低管理者和員工的期望值。

(2)更積極地參與職位評估系統的設計和管理工作。許多公司已經設立專門的職位評估委員會來決定職位評估所應包括的因素。假設有某位經理做出打破原有的內部平等，向部分員工提供更高的薪資的決策，此時，如果員工參與決策過程，將帶來對該決策更多的理解與接納。員工們在各種層次上更加廣泛的參與都是有益的。

(3)公司能提供更多關於報酬級別與差別幅度或薪資調查結果的資訊，進而減少錯誤的認識。最後，員工代表可能會定期地審查評估制度，並向全體員工通報他們的發現。這些步驟並不能直接解決問題，但對於管理是大有裨益的。

然而，即使採用以上這些步驟，仍然沒有一個能解決薪資不平等問題的評估制度。這類不平等問題在錄用新員工或者引入資深員工時是難以避免的。為了在人力市場上進行成功的招聘，企業必須提供富有競爭力的薪資，而這將導致新、舊員工之間的不平等（薪資緊縮）。

職位評估制度也會產生其他問題。與職位相聯繫的薪資標準，使個人所能得到的報酬增加受到了限制，因此，只有提升才能顯著地提高地位與報酬。這種需要會導致技術人員爭取晉升的機會，即使其實際技能與興趣都在技術性工作上。如果沒有晉升機會，員工的進取欲望將受挫。此外，職位評估制度使企業內部人員流動的靈活性有所下降，如果新職位的薪資較低，將降低員工調動的意願。即使公司常常特殊待遇給員工以超出新職位薪資標準的高薪，但長期而言失落感與實際的物質損失都會使調換職位變得更難。

為了解決由職位評估制度帶來的問題，有不少公司採取了變通辦法：基於個人或技能的評估制度，這些制度承諾能解決缺乏靈活性與成長受限問題，但它們並不能解決先前討論的所有公平性問題。

☑基於技能的評估

基於個人或技能的評估制度以員工的能力為基礎確定其薪資，薪資標準由技能最低到最高劃分出不同級別。剛進入企業的新員工領的是入門級的報酬，而當他們證明自己能夠勝任更高一級工作時，他們所獲的報酬也會提高，基於技能的制度通常被認為能在調換職位和引入新技術方面帶來更大的靈活性。

基於技能的薪資制度還能改變管理的導向，實行按技能付酬之後，管理的重點不再是限制任務指派使其與職位級別一致，相反，最大限度地利用員工已有技能將成為新的著重點。這種評估制度最大的好處是能傳遞資訊使員工關注自身的發展。這種關注與人力資源管理的社會資本觀點是相一致的，它正在引導管理者提高並利用其才能，並且帶來更高的員工福利與組織效益。

基於技能的評估制度已被用來考核研發機構的技術人員並常被稱為「技術階梯」。該制度亦用於考核其他專業技術人才，如律師、銷售人員和會計師。運用該制度可以在一定程度上鼓勵優秀的專業人才安心本職工作，而不至去謀求報酬雖高但不擅長的管理職位，組織也降低了失去優秀技術專家、接受不良管理者的風險。

基於技能的報酬制度在過去也被用於考核生產人員：即不按員工職位而按其擁有的技能付酬。這種靈活性、員工才能與滿意度的增長使這些公司獲益良多，必須著重指出的是：許多工廠採用這種制度來實行，而不是引導管理哲學的轉變——這種哲學強調的，是員工的責任感與對工作的積極參與。另外，薪資制度固然是一種很重要的支持，但我們不清楚僅僅改革薪資制度是否就能帶來靈活性與員工進步。

然而，基於技能的方法一樣也有許多問題必須考慮。

(1)許多員工可能在數年後達到了最高的技術等級，同時發現自己突然無處可去了。如果組織未採取任何措施，就不會有促使員工繼續學習新技能的報酬激勵。在此，組織可能得考慮採用一些利潤共用方案，以鼓勵員工繼續探尋提高企業效率的各種方法。

(2)由於報酬增大取決於新技能的不斷學習，技能評估計劃要求組織在培訓上進行巨大的投資。

(3)與外在公平有關的事務更加難於管理。每個組織都有獨特的職位與技能配置，因此具有相似技能的人並不是隨處可見的。尤其是在同一個團體裡，生產線員工常會去尋找比較。對於專業人員這個問題會容易一些，因為他們的工作在不同公司間是比較相似的。基於技能的評估制度強調學習新任務，員工可能會逐漸感到：他們日益提高的技能應該得到比公司所提供的報酬更高，當他們將其薪資與傳統工人相比時，這種感覺尤其強烈。缺少有效的比較，未經現實驗證的期望值可能會不斷上升。

在存在學習新業務的激勵條件下，可以想像員工們可能出現忽視本身工作、好高騖遠的情況。如果這種情況廣泛存在，組織裡將有許多僅能勝任目前本身工作的員工，也無法從資深員工對工作的精通中獲益，如果不能妥善管理，這個問題必定會降低組織效率。

從理論上來說，基於技能的報酬制度可以提高員工能力，並且增進組織的效率與員工福利，但它們並不是永遠有效的，因為他們取決於如何測量與評估技能或能力，只有那些具備有效評估程式與信任關係的組織才可能成功地利用該制度。沒有合適的組織文化與規章制度，即使是新的、首創性的薪資制度也無法發揮作用。另外，基於技能的薪資制度僅適於那些有很高技能要求、並處於不斷變革中的組織。相反，他們很難被引入到那些傳統職位評估制度已先行存在的組織之中。

☑資歷

依據資歷來付酬一樣是可能的。在某些國家，資歷一直被視為一種有效的付酬標準。例如，日本公司用年資和其他因素（如緩慢提升）相配合，促進了合適組織文化的形成。在美國，提議執行按資歷付酬的多為商業工會。出於對管理層的不信任，工會組織常認為按績效付酬的制度將導致日益增長的獨權作風、不公正與不平等現象。基於上述理由，各工會組織更傾向於一種嚴格的資歷報酬制度。然而，在美國管理者看來，論資歷輩份與這個國家的個人主義倫理是格格不入的，後者強調個人的努力與業績是取得獎勵的首要標準。因而，大多數美國公司更願意以績效作為計酬制度的主要指標。

二、制定績效報酬計劃時應考慮的關鍵因素

組織之所以要採取績效報酬，原因有很多：

(1)在適宜的情況下，績效報酬可以激發出符合需要的行為。

(2)績效報酬制度有助於吸引和留住成就導向型的員工。

(3)績效報酬有助於聘請到表現優異的人，因為這種制度能滿足他們的需要，同時也會令表現不佳者感到氣餒。透過對表現不佳者不加薪或少量加薪，他們的薪資相對於表現優異者的薪資或勞動市場將下降。

(4)在美國至少大多數員工，包括管理者，都更偏愛績效報酬制度，而白領員工對這一制度的支持大大高於藍領員工。因此，績效報酬制度應當帶來更高的公平感和滿足感。

基於上述原因，許多組織對員工都採用了某種形式的績效報酬制度，只有那些參加工會的員工和政府員工是例外。

儘管績效報酬制度有許多顯而易見的好處，然而，有大量的證據顯示，績效報酬制度並不一定能達到它所保證的激勵作用和滿意度。例如，絕大多數管理層員工都表

示相信某種績效報酬制度，但並不認為他們當真在一個績效報酬的制度下進行管理工作。證據顯示，在設計績效報酬制度的意願和把它付諸於實踐的能力之間存在著一道鴻溝。

歷史上，按績效報酬一直意味著按個人績效報酬。針對製造業員工的計件獎勵制度和針對薪資制員工的業績加薪或獎金計劃，一直是按績效報酬的主要形式。

在過去的二十年裡，計件獎勵制度正急劇衰退，因為管理者發現這種制度導致行為障礙：合作能力低、生產中的人為限制、抵制提高考核標準。

與此相類似，關於個人獎金計劃的問題更多，因為高級主管發現了它的無效性；同時，組織範圍的激勵制度正日益流行，特別是當管理者發現缺少合作導致的生產和創新困難時，他們也開始轉向這種新型的制度。

☑績效考核的考察層次

績效報酬計劃應集中在哪一層次？個人、團隊、還是組織層次？組織級計劃促進了合作，團隊合作同時也得到極大提高。然而，個人離衡量和分配的標準更遠了，分配和勞動之間的聯繫相應也減弱。個人績效報酬制度受到歡迎的原因之一是：在該制度下，個人勞動和勞動的衡量、報酬之間的聯繫更為緊密。組織級計劃可用於加強個人績效與組織績效的聯繫，增強合作的動機。如果能夠正確認識個人級和組織級績效報酬制度之間的取捨關係，管理者就能採取行動使所有計劃的負作用降至最小。他們能在採用組織級計劃時輔以其他的激勵措施（如工作參與），或者在運用個人獎勵計劃的同時提倡非金錢方式的合作。

此外，個人級與組織級計酬計劃也可以同時採用，以表現對個人績效和合作的關注。過去的經驗證明，在未能就合作進行必要溝通的條件下引入個人獎勵計劃將引發競爭，尤其是獎勵相當可觀時。類似地，組織級計劃要求有效的管理監督以保持高水準的個人績效。

☑任務的實質

設計績效報酬制度要求對工作進行分析。個人對將被衡量的績效有充分的控制能力嗎？努力與績效之間的聯繫是否緊密？已經討論過的動機原因表示一定存在某種關係。不幸的是，許多個人獎勵、任務或計件獎勵計劃不能滿足這種要求。個人可能難以控制諸如銷售額或利潤等結果，因為這種結果受經濟週期和競爭力的影響，不是個人所能控制的。

與此相似，個人可能要依靠其他部門或員工來獲取績效，如銷售額、成本削減或利潤。例如銷售量，可能更多地取決於由研發部門開發的優質產品或者是行銷部門的廣告，而不是個人的銷售能力。在複雜的組織裡，無需依賴其他部門或個人的產出是很少的，能獨立於外在因素影響之外的產出更是微乎其微。

只要員工能繼續獲得獎勵，這種相互依賴的關係就不會成為問題。一旦績效不佳，薪資總額減少，員工就會將這種相互依賴關係及對後果的不可控制歸咎於制度的缺陷。對這種制度的投入與信任將會下降，而制度的激勵能力和滿足要求的能力也會隨之下降。類似地，如果提供個人激勵，同時又需在個人間進行合作，就會為日後的矛盾留下隱憂。員工會在績效不佳或薪資降低時相互指責。

專家指出，幾乎沒有什麼工作能夠滿足個人控制和獨立這一條件。因此，大部分個人獎勵計劃往往因為上述原因而失敗。其他部門或員工間的相互依賴，以及缺乏控制總體結果（如利潤）的能力使管理者考慮團隊或組織的績效報酬計劃。這些計劃能聯合員工依靠他人共同獲取績效結果，如低耗費或利潤。個人獎勵制度產生的問題，促使管理者將主觀判斷改為按績效評估。主管人員不僅要看最終業績，還要對工作行為做出評比，並剔除那些超出個人控制範圍之外的不佳業績。這種制度減少基於業績的個人獎勵計劃帶來的問題，但這又引起了一個新的問題：主觀判斷的可信度。

☑績效的衡量

選擇一種恰當的辦法來衡量績效，並據以決定報酬的標準是一個和個人獎勵計劃相關的問題。據前文所述，工作效率不僅包括成本、產量或銷售收入，也包括許多其他因素。忽視這些對效率來說非常重要的因素會導致不良的後果。因為報酬是對高效率的激勵，對某些方面的過分強調容易使員工偏重那些因素而忽視其他能夠影響長期或短期工作效率的因素。比如，按銷售量獲取分紅的推銷員會推銷無用的產品，因此損害長期客戶關係；他們還會不顧利潤的高低盲目地推銷產品以提高銷量。這些推銷員還會做出超過生產能力的訂貨和承諾。那麼，為什麼不使推銷員對利潤負責，這樣不就能更全面地評價他們的表現了?很顯然，問題在於推銷員根本無法控制利潤標準。

這些困難不斷地引出一些更加主觀卻能更全面地衡量績效的方法。為什麼不綜合地觀察推銷員或管理人員在工作的各方面的表現呢?絕大多數與業績相關聯的薪資增長都基於主觀的判斷，這和個人獎勵計劃是一致的。建立在對工作徹底分析的基礎之上的主觀評價系統可能相當全面，但是，它們對管理的信任度、良好的上下級關係、人際關係能力都提出了很高的要求。不幸的是，在許多情況下這些條件是達不到的，雖然有時它們的重要性被確認時也能得到相應的改善。

即使在績效報酬制度比較公平可信的條件下，信任與良好的關係仍舊是客觀地衡量績效的必要條件。總之，如何衡量績效應成為管理的重點，否則績效報酬制度將不會有任何作用。

獎勵計劃經常遇到的最後一個評價問題是它們常常只能夠較適合某一類商業或經濟情況，例如增長的狀態，而不適合另一情況。當商業環境變化時，管理人員付出了更高的努力卻得不到更多的報酬。如果他們一直期待獎勵卻又一再失望，於是不滿情緒便產生了。組織經常也會對他們的獎勵機製作些調整。但問題是，可能因此產生一個根本性的錯誤，獎勵計劃評價的是行為績效，而不是最初的努力程度。它們只是些外在因素（如成長或下降）的表現。只要薪資支付還在發生，個人努力和績效之間是否缺乏聯繫就不會凸顯，也不會被人質疑。

☑薪資數額

為了使績效報酬制度能真正起到激勵作用，必須在薪資的增長或獎勵計劃及良好的績效之間建立明確的聯繫。顯然，「明確」是一種主觀的、因人而異的感覺。業績薪資的增長幅度通常在薪資的五%到十五%之間。由於邊際利潤只占薪資總額的四十%，因此，五%至十%的薪資增長只是薪資總額的很少一部分，尤其是納稅之後。反對者認為這些數額是如此之小以至不可能產生激勵作用，尤其當績效報酬制度有可能損害自我評價系統時。正如前文提到的，績效占絕大多數人自我評價的權重達八十％以上，他們希望業績薪資的增加能和自我評價保持一致。

高額薪資的重要性表現在它們能夠使基於業績的個人獎勵計劃更具吸引力，因為它們通常要超過基本薪資一定的百分比。和業績薪資不同的是，獎金不成為下一年的基本薪資的一部分。這樣，獎金可能會導致個人薪資水準的下降；薪資的增長則不同，它會成為年金的一部分。但是，根據績效支付高額獎金的吸引力也會因衡量績效的問題而大打折扣。

薪資數額也和薪資增長是否在組織內部公開有很大的關係。假如薪資數額公開，它將影響地位和聲譽。認同和榮譽的激勵也是金錢獎勵的補充。假如薪資增長是祕密的，那麼只有金額增加才能起到激勵作用。在這種情況下，金額必須非常大。絕大多數組織並不公開業績獎金和報酬，因為員工不想公開這些資訊。因此，小幅度的薪資增長並不能起到激勵的作用。但是，組織會嘗試著公開薪資增長的平均水準，以使個人能夠對照這個標準明白自己的增長幅度意味著什麼。當然，這樣做可能會引起員工懷疑評價的公正性，進而對評價系統造成了更大的壓力。出於維護一個開放式系統的公正性，管理者會十分小心地避免對員工的表現做出歧視性的比較。但是不管是由管理者還是由公開的資訊比較做出決定，更多的有關薪資增長的資訊對一個高效率的業績和獎勵系統來說都是極端重要的。

另一個使薪資增長難以起到激勵作用的原因是，這些增長是由一些與表現無關的因素所決定的：通貨膨脹率，工會爭取到的增長，市場上薪資標準的變化。假如某一年內勞動力市場上的薪資水準增長了七%的話，一個十%的薪資增長幅度實際上只包含了三%的業績成分，只是個很小的數額。而且，個人通常也無法判斷哪一部分的增長是與業績相關的，同時組織也不願意公開這些資訊，因為數額實在是太小了。

曾經有人建議組織將業績薪資增長從薪資調整中區隔出來，每個員工都進行年度的薪資調整，但只對少數的幾個優秀員工進行業績薪資的增長。然而，這種做法一方面是成本過高，另一方面則軟化了對表現差的員工的壓力，因為他們不再面臨來自通貨膨脹的威脅。

許多組織也設計出一大堆薪資增長選擇權的辦法來解決考核系統中存在的支付問題。個人可以選擇一兩次的分期支付來獲得他們的薪資增長而不是一次性地在全年薪資中付清。它的優點是能使薪資的增長變得更加明顯，也具有更高的激勵作用，同時也能給予員工選擇的權力。

組織級的績效報酬計劃也存在著支付的問題。除非每個支付金額都非常的大，否則支付本身沒有什麼激勵價值。

☑績效報酬制度的困境

鑑於績效報酬制度存在這麼多的問題，一些觀察家建議終止採用這些制度。他們認為，使這些制度運作起來的成本遠遠地超過了它們所能帶來的激勵作用。確實，有些組織這樣做了。

例如，數據設備公司不再用獎勵制度來回報它的推銷員，而傳統上的推銷員是最看重績效報酬制度的。歐洲和日本的組織根本不使用薪資與效益掛鉤的機制，所以他們必須尋找其他的激勵機制。參與制衡加強協調被日本公司用來代替個人的績效報酬制度。

雖然績效報酬制度存在這麼多的問題，它在美國仍非常流行。為了維持外在公平和留住高素質的員工，一些組織不得不支付一些獎金和獎勵，而不顧這些獎金和獎勵可能引發的不合理行為。仍然有人堅持認為，即使存在這些危險，我們仍然應該按照業績表現來支付薪資。以業績之外的其他因素為基礎來支付薪資可能導致鼓勵後進、打擊先進的後果，而這種情況同樣會使組織損失很多它一心想挽留的人才。這一事實，連同衡量優異績效以及對個人表現做出公正評價，及鼓勵組織提倡的行為所帶來的好處，都是那些仍未放棄績效報酬制度的組織的優勢。然而，如何去克服產生於個人績效報酬制度運用過程中的困難是很不容易的。但這至少說明了，組織薪資支付系統的重要性正在不斷地提高。

三、不能用會計目標來控制和影響員工行為

湯姆・強森在他所著的《重獲相關性》一書中指出：「有些資訊會鼓勵企業各級員工操控流程，以取得特定的會計結果。因此，在所有類型的企業中，最迫切的需求即是削除這些資訊。」它抓住了一個問題：企業不應制定以會計資料為基礎的目標來控制相關的員工和流程。

所有的企業組織都希望能夠取得更好的結果，但他們都面臨著一個關鍵問題：「透過什麼方法？」如果企業不注重使用正確的方法，將會導致更嚴重的問題發生。

在談到改善流程時，在《第四代管理》一書中，喬伊納提到了可透過以下三種方法來取得更好的會計報表結果：改善系統、歪曲系統以及歪曲會計報表數位。雖然在

記帳、資源配置和決策分析中使用的會計資訊能為企業提供至為關鍵的各種資訊，但使用會計資訊來控制員工和流程，這種做法卻經常導致企業無法正確理解自身流程的能力，甚至更糟的是，還會扭曲流程本身。

下面這個以實際發生的情況為基礎的例子，顯示了單純依靠會計資料來控制企業的員工和流程、反應流程的狀況，是如何導致企業系統受到操控及企業如何錯誤地向那些負責流程的人們發放獎金的。

一家公司將原料加入另一種產品，由於原物料的損耗超過了可接受的標準，公司給員工制定了一個憑主觀制定的會計目標。如果損耗下降了，公司將發獎金以示表彰。於是員工就採用下面所描述的方法來操控系統。

某穀類早餐食品生產商在其一種產品中加入水果。但由於水果的損耗量明顯偏高，引起了該生產商的關注。按正常情況來說，每盒產品應含有十盎司穀類和二盎司葡萄乾。而且管理層也意識到在生產過程中肯定會產生損耗，因而制定了五％的損耗率，即每盒損耗〇・一盎司（一盎司＝二八・三四五克）的水果。但是在上個月的生產過程中，每盒產品葡萄乾的消耗量卻達到了二・五盎司。

會計部在週報中發現了此問題，因為他們透過拿出庫存清單，將庫存減少量與每箱所容許的標準量做一比較，計算出所消耗葡萄乾的實際成本和數量。上週他們生產了一共四萬三千二百萬盒穀類食品，共消耗十萬八千盎司，即每盒二·五盎司的葡萄乾。

為解決這一問題，管理層許諾，如員工將水果總消耗量降至平均每盒二·一盎司，即降至五%的損耗率，即向他們發放獎金。結果不到一個月，問題似乎解決了。於是，管理層信守承諾，隨即向員工發放了獎金。

接下來的業務會計報表顯示，提供獎金前，整個流程要消耗掉十萬八千盎司葡萄乾，即每盒二·五盎司，不良消耗共計一萬七千二百盎司；但在提供獎金後，整個流程消耗了九萬盎司葡萄乾，即每盒二·一盎司，絲毫沒有超過原定五%損耗率這一可容許的誤差。

但就在這時卻冒出了另外一個問題。企業市場調研報告指出，顧客似乎對產品中所含葡萄乾的量感到不滿意。該生產商於是讓新聘用的一位具有流程管理經驗的內部審計師來觀察其流程到底出了什麼毛病。

整個流程中有兩項程式與上述問題有關。第一項程式是水果的收購、準備、儲存以及運往包裝時的整個過程。把水果裝箱運到工廠，並在工廠秤重量。而收貨時的重量即成為企業支付貨款及預期的五%損耗率的計算基礎。在過秤收貨後，再經過清洗和乾燥過程，然後把水果存放於工廠的冷藏設備中。最後，當生產需要時，利用傳送帶把清理過的水果從儲存處運到包裝生產線。

第二項程式是全自動的包裝生產線。在此程式中，人們把水果和穀類混合、包裝並裝盒待運。該程式中的最後一步是抽查每盒產品的重量。如每盒產品的平均重量未達到十二盎司，就把此產品送到另一條生產線上重新加工。在此程式的任何時候，包括最後秤重階段，都未使用控制圖表。

審計師要求買幾個秤來，用於抽樣水果在儲存前後以及包裝程式完成後的重量。對於被抽到的產品，要將其中的穀類和水果倒出，分別稱出穀類和水果的重量。審計師還花了很多工夫觀察水果進入和完成包裝生產線的過程。透過對水果加工和穀物加工兩者的觀察，審計師最後斷定問題出在水果加工流程，而非包裝流程。

透過進一步檢查，審計師發現包裝機械已經被調整過了，因而造成產品中的水果添加量減少。但是，調整後水果添加量的變化並不怎麼規則。他發現整個流程的運轉速度加快時，包裝機械的調整幅度就大，以至加入的葡萄乾量遠遠達不到二盎司。這種情況通常發生在趕訂單時，因為如果趕訂單的話，測量產品的可能性似乎小得多。

在其他時間裡，也要調整包裝機械，但調整幅度不大。審計師確信做此調整的目的是為了遮掩真實的水果損耗量。

如果管理層不瞭解流程、流程能力及所出現的誤差，相反卻依賴於不能反應整個流程狀況的會計報表來做出決策，將會造成許多潛在問題。上述例子就說明了這點。由於該廠商僅僅依靠會計資料來管理系統，流程管理人員也就以操控系統來控制會計報表的結果。此外，會計報表也未能提供所有問題產生的原因和解決辦法方面的任何資訊。

由於管理層不瞭解他們自己的流程以及會計報表與流程之間的關係，管理層只是為流程管理人員制定了降低水果損耗的會計目標，卻沒有提供任何確定問題產生的潛在原因的方法。在一籌莫展的情況下，流程管理人員只好降低了每盒產品中水果的添加量，以此來減少流程中的水果消耗量，並暫時滿足了管理層的要求。同時，他們也因似乎做得不錯而獲得獎金。

上例顯示，雖然設定成本目標是為了降低成本，但人們常常不理解的是，這些目標不是按流程能力制定的，純粹是管理層主觀制定的目標。最終導致的結果是，為了取得這些超越流程能力的目標，導致人們對企業系統的操控和對會計報表數字的歪曲。

請記住，雖然會計資料適用於成本控制流程，卻不能提供甚至是啟動流程改善活動所必須的資訊。更重要的是，別再用會計目標來控制和影響員工行為。

第二節 設計和執行合理的薪資制度

一、薪資制度的設計應該使其與人力資源管理政策相得益彰

報酬對人們來說太重要了，並且有極其重要的象徵意義。但是應該反思報酬對公司的作用，以減少其他的負作用。我們不應該過於頻繁地將薪資作為人力資源管理的指導政策，相反，應該將其用來支持其他人力資源管理領域的政策，如：員工影響力、人力資源流動及工作系統。

先研究員工是否明確了目標，是否得到了資訊和回應，是否對完成工作有足夠的影響，是否與其他部門有足夠合作，是否有足夠的教育或培訓發展所需的能力，可能是明智的做法。沒有這樣的分析，經理人經常只是建立薪資制度而卻很少注意自己作為領導應該做些什麼來影響員工的行為變化。

薪資制度的設計應該使其與人力資源管理政策相得益彰，而不是互相牴觸。金錢應作為其他政策所刺激的行為的回報，進而成為認可績效和保證平等的基本手段。我們所建議的方法應減少薪資制度在直接推動行為和態度上的負擔。因此，我們需要稍稍放鬆報酬與特定結果或行為之間的聯繫，而減少發生負面行為的可能性。

另外，如果薪資不是人力資源管理的首要形式，經理們會減少對制度的有效性和平等性的要求（他們聲稱沒有什麼制度是合乎需要的），這樣也能使員工的期望值有所降低，變得更加切合實際。當經驗顯示這些制度失效時，員工切合實際的期望意味著較少對薪資的計較，較少的失望和不滿。

應當減少對好的薪資制度的依賴，轉而滿足和推動員工，並更多地依靠內在激勵。少用薪資來引發行為和態度，多用它來強化其他方法所鼓勵的行為和態度，如：在工作中的投入、與公司保持一致及對任務的影響力。當然，這種方式要求更高的管理技術和能力，薪資制度所引起的一些問題正是由於經理們不想或不能透過領導力和建立好的工作環境去激發員工。所有這些都要求總經理首先定義他們的報酬哲學，尤其是內在激勵與薪資的相對角色，薪水定位及使用何種績效報酬制度。

二、讓員工參與報酬制度的設計與管理

員工與工會在報酬制度設計與管理上的更多參與，無疑有助於一個更適合員工的需要和更符合實際的報酬制度的形成。研究顯示，員工會以積極負責的方式參與報酬制度的設計與管理。米若思公司有一個對工作進行評價的員工工作評估委員會。其他公司則設計了一套依據績效支付報酬的制度並進行了薪水調查。其結果顯示，與其他沒有員工參加的績效報酬制度相比，這種制度非常令人滿意且能長期有效。

在條件和過程適當的情況下，參與可以成為改善報酬制度的一個重要工具。它可以使員工們更加認同報酬制度並減少負面行為，特別是在員工能持續地參與和影響此制度的管理了，效果更好。透過參與可以減少不平等問題的產生，但這要求管理層放棄在這方面的特權。

三、透過相互交流使報酬制度變得更有效

透過相互交流各自的意見可使報酬制度變得更有效，管理層期望員工們表現出什麼樣的態度與行為，這些行為與態度又如何達到企業目標呢?通常，員工們總要對用

於自己的薪資制度進行推測。有效的交流可以避免員工們過於強調某些目標或行為以排斥其他的目標或行為，這也是按成績支付報酬制度的一項副產品。

有關薪資制度的資訊開放同時也是決定其效果大小的一項重要因素。由於一些可理解的原因，公司在對薪資制度方面提供太多資訊深感不安，這些保密資訊不僅包含別人的薪資、獎金和加薪幅度，還包括報酬的範圍及薪水調查結果等資訊。然而，人們既看不到別人的報酬也不瞭解自己對公司的貢獻價值的傾向自然會削弱這些制度的激勵與滿足功能，一種封閉式制度會傷害人們平等的感覺；而平等正如在前面論述的，是實現報酬制度滿足與激勵機制的重要成分之一。

我們並不提倡所有薪資制度都應全面開放，或者在一夜之間完成這種轉變。我們只是建議公司應儘可能地努力開放，與他們的文化習慣保持一致。這種開放可擴展到包括諸如以下有關制度的資訊：報酬的變動幅度、平均業績增加和獲得獎金的員工等。對於允許有一定程度參與報酬制度的設計和管理的公司來說，可以享有這個參與過程的副產品——有關這種制度的一些資訊，企業文化對開放的發展是相當重要的，特別是管理層對員工向報酬決策提出挑戰權利的信念。

在處理績效評估時，經理人與下屬的關係及溝通技巧對於報酬制度的成功也是十分重要的，特別當報酬制度是開放式的時候，除非這些制度是很有效的，經理們一般很難使下屬們理解報酬的真正含義，總會為誤解和歧見留下空間，因而在這樣的條件下，報酬增加或分紅沒有起到應起的作用，甚至會產生意料不到的問題。

四、採用多重制度以避免負面的行為

既然幾乎不可能精確預測員工如何理解任何單一報酬制度的資訊，經理們應採用多重制度以避免增加個人報酬而不是提高組織效率的狹隘、負面的行為。一種組織級的激勵機制可被用於鼓勵合作，而一種單一的按成績支付報酬的機制可被用於激勵個人行為。

一些組織可透過規定只有公司總盈利達到一定標準才支付獎金，以同時實現上述兩種目標。同樣，一種業績薪資制度能確定包含一系列被認為有助於提高整體組織效率的廣泛行為，而在薪資之上的獎勵支付，主要是為取得某種明顯可度量的結果，在這種含義上，獎勵是為了促進短期成績的改善，而一般以薪資回報的行為關係著整個企業的成功。在整個報酬組合中，企業可以利用多種薪資構成與整個報酬組合中的獎金量以避免過分強調短期成績而忽略有助於提高長期效率的行為。

多重制度的另一種應用表現在，當工作可清楚地定義和分割時，它可使用一項職位評估計劃以評價一組員工的工作量，同時，採用需要更多靈活性及個人成長的基於技能的制度。

這樣的企業應權衡多重制度的得失：該制度的好處在於綜合利用了多種激勵方式，避免分散了單一制度可能導致的危險；缺點則是：執行比較複雜，甚至各種制度之間會產生衝突。

第三節 加強對資金的管理

一、消除傳統財務會計制度的弱點

☑傳統財務會計制度的主要弱點

每逢月底、季末、年終，企業都要投入巨大的資源用於製作報表。年度會計報告的確能夠給投資者和證券交易市場提供一個或多或少有用的判斷公司業績的標準。然而，有五個主要原因導致大多數的會計系統不僅不能夠幫助管理者，反而會誤導管理者採納將嚴重危害企業的決策。

(1)無視知識資本的價值。企業競爭力已經從依賴於巨量的財務資源轉向依賴於企業獲得和利用知識資本的能力。會計系統計量的是財務資本，而現實世界中競爭力更多地來自於企業的知識資本。

然而，計量知識資本並不是一件容易的事。但是管理者至少應當知道，常用的資本估值方法可能會高估大企業的優勢而低估那些更小、更靈敏的企業實力。這樣，那些依賴於龐大的跨國商業帝國城堡內的員工或許不再會對自己的未來那麼盲目樂觀，從而能夠更加積極地發展他們的業務——而那些苦苦掙扎微不足道的小企業的員工或許不會再如此畏懼力量強大的市場領導者所擁有的明顯優勢。

(2)提供過多、過於侷限、過遲的資料。在每個月或每一季，企業的財務部門裡都會出現一陣狂亂，他們正在作報表。然後，接下來的一個月或一季才過了一半，從企業的電腦裡又奔湧出了無數的數據。

但是，花費了這麼多時間和精力的報表到底有什麼用呢？它與企業日常管理有關係嗎？並非總是有關係。報表未能徹底平衡重要嗎？並不是真正重要。報表、平衡資產與負債只不過是為了匹配收入與支出。它無助於開發更多的新產品、更富有創新精神或者贏得更多的市場份量。它只是記帳的慣例，而不是經營管理。

經營企業所需要的絕大多數指標都沒有包括在每月、每季、或年度的財務報告中。在經營企業的時候，你需要不斷地瞭解一系列有意義的經營指標，它們會告訴你，你做得如何以及你需要採取什麼行動調整你的位置。你不可能從每月、每季、或年度的財務報告中得到這些。在報表中有很多細節，資料可能或多或少是準確的，而且你需要付出更高的代價才能得到它們——但是它們常常無法用於建設性的地方。財務系統提供給我們的資訊錯誤過多、過遲，以至於根本沒有什麼用處。

不幸的是：管理不是一門精確的科學——會計卻偽裝成是。管理需要的是適時的經營資料——會計提供的卻是基於會計假設和會計慣例的事後財務資料。管理必須運用資訊來指揮——會計卻沉溺於資料的平衡。

(3)導致短視決策。傳統的會計系統及管理者使用它的時間結構與提高企業績效所要求的時間結構之間存在著嚴重失衡。

當會計系統建立起來以後，大多數的支出可能都會與所在的財務報告期間相聯繫。在過去，產品生命週期很長，管理人員在同一職位上也會待好幾年。而現在，隨著產品生命週期縮短，越來越多的資金被要求投入到研究部門開發下一個新產品。並且如今在任何一個企業裡，管理人員在他們下一次提升前，在任何一個職位上都只會停留兩到三年，他們承受著巨大的壓力，希望得到良好的財務成果，來證明他們有資格得到下一次提拔或者另一個企業裡更好的職位。

當管理人員被放到新的職位上，並且根據每月或每季財務成果來考核時，他們就會四處尋找容易產生效果、能夠證明他們對組織的價值的地方。很明顯，在這種情況下，如果能夠從中得到一些短期職業上的好處，那些雄心勃勃的管理者會很樂意掠奪我們用於未來的投資。

而且，會計慣例實際上是在阻礙用於改進企業績效的投資。會計慣例允許併購成本不計入損益表，這樣利潤和每股收益就會虛增。因此，用於內部增長的投資，由於要抵消收益，其吸引力對那些財務導向的企業來說就比不上併購和接管了。這種情況導致了一些奉行併購導向企業的大起大落，它們迅速地崛起，但往往是更加迅速地衰落下去，因為它們的增長是依賴於不可持續的負債標準而不是真實的收益增加。

(4)測評職能而不是流程。很少有例外，會計系統往往是用來測評各個職能部門的成本和收入。但是他們根本無法適應面向顧客流程的新觀念。會計系統能夠告訴我們，在一個月裡我們用於生產的開支是多少，但我們通常無法得知，我們為主要顧客服務的如何，或者甚至誰是最有利可圖的顧客。

如果我們把企業視為一系列面向顧客的流程來經營，我們就不得不建立一整套橫向的經營績效指標，而其中絕大多數指標是現有財務報告系統無法提供的。

(5)扭曲了我們的成本和利潤觀念。傳統會計系統最大的缺點可能是，它們常常會導致企業認為那些虧損或微利產品能夠獲得不菲的利潤，而那些極為賺錢的產品看上去卻不能帶來收益。

在大多數企業裡，產品或服務的種類不斷增加以滿足要求更高的顧客和更加細化的市場。如果你現在生產十種不同的產品，而不是以前的兩種，那麼很顯然，知道每種產品各自的成本是很重要的，這樣你就知道應該向顧客要價多少。由於傳統會計系統在不同產品間分配成本的方式，大多數企業並不是很瞭解每種產品的成本，常常會虧本出售卻以為能夠獲利。

這對企業的影響是富有戲劇性的。例如，這常常意味著你正在以過高的價格銷售你的產品（大多是消費日用品）系列中易於生產（以及需要有更強的價格競爭力）的部分產品種類，以過低的價格銷售那些不易生產或成本很高的產品種類，而這些產品能給顧客帶去更多的價值，或者在這些產品上競爭不是很激烈。一般來說，你甚至可以為這些少量生產的產品訂出更高的價格。然而，你並沒有開出更高的價格，因為你誤以為已經從這些產品中獲取了可觀的利潤，儘管你可能正在虧損。

☑解決辦法

(1)引入ABM。一旦當管理人員意識到這種落伍的會計和成本分配方法會產生嚴重的扭曲，他們就開始拋棄由傳統會計系統提供的資訊，因為它不能夠正確核算增加的間接成本以及不同活動所應承擔間接成本的不同標準。一些企業引入了以作業為基礎的管理（ABM）來解決這個問題。ABM試圖找出成本的真正動因，這樣成本就能夠分配給產生這些成本的產品或服務，而不是根據某種方便的會計慣例來分配。

因此，ABM能夠幫助管理者在更好地理解成本和利潤動因的基礎上制定決策。

(2)重視EVA。經濟價值增加值（EVA）這個概念被發展出來克服傳統會計績效測評指標如利潤的缺點。從淨營運利潤中扣除企業佔用資本（包括資產與負債）的成本就得到了經濟價值增加值。正的EVA意味著創造了價值，負的EVA則表明了價值損失。許多企業開始把獎金與EVA而不是利潤或股價聯繫起來，因為他們認為EVA能夠更好地衡量真正的價值創造。

(3)實施OBM。一些企業實施了所謂的「公開報表管理」（OBM），試圖藉此來溝通財務成果與員工的日常工作。在公開報表管理中，透過某種定期的形式——月會議、部門會議、時事交流——向企業員工通報目前的財務狀況。最理想的是，伴之以對員工的培訓，使他們能夠正確地解釋這些資料。

OBM的宗旨是，讓員工認識到企業中的每一個人是如何影響到企業最終財務成果，這將會有助於培養責任感，把員工的努力方向引導到企業裡具有最大財務效應的地方。

二、CFO應該做到有效地防止資金濫用和流失

資金營運是一個企業賴以生存的「血液」，藉助資金的力量，合理有效地對財務進行管理，保證資金持續地、快速地營運，增強資金的利用率，擴大資金的增值能力，提高資金的生產力，維持企業的正常運作。

在財務管理中，資金不等於通常所說的現金，我們把在企業內以貨幣形態存在的資金統稱為現金。包括庫存現金、銀行存款、銀行本票、匯票等等。

相對而言，現金是變現能力最強的資產。持有現金是企業實力象徵，是企業較強償債能力和較高信譽的表現。但並不是企業擁有的現金越多越好，企業持有過量現金會導致資金閒置，不能使企業資金發揮最大的使用效力。並且從一定意義上來說，現金是處於兩次周轉之間的間歇資金。現金管理不嚴，會使企業資金周轉延緩，直接影響企業整個流動資金的正常周轉並進一步影響生產經營活動的正常進行。此外，加強資金管理，對於做好財務監督也是十分必要的。因此，對於任何一個企業的CFO來

說，如何做到資金既不缺乏也不過剩，管好自己的金庫並有效地防止資金濫用和流失都是一件十分重要的事情。

☑現金管理的主要內容

(1)最佳現金持有量的確定。所謂最佳現金持有量只是相對而言，可能採用不同的方法、不同角度測算其結果是有差別的。從理論上來說，最佳現金持有量是指能使企業在現金存量上花費的代價最低，即機會成本最小而且又相對能確保企業對現金需求的最佳持有量。

(2)現金預算的編制。定期編制現金預算，合理安排現金收支，及時反應企業現金的盈缺情況，是現金管理內容的又一重要組成部分。現金預算的編制在整個資金管理中具有龍頭作用，對企業整個財務管理也有根本性的意義，是企業現金管理的方向。

(3)建立健全現金收支管理制度。要使現金預算安排能順利完成，必須建立必要的管理制度，加強現金的日常控制，做好庫存現金的日常管理、加強銀行存款的管理和做好各種轉帳結算工作。遵循政府規定，並且要實施適當的內部控制制度，如現金收支職責的分工和內部牽制等。

此外還要建立現金管理資訊的回應系統，一旦發現企業現金運轉不靈，或現金流出流入情況變化，及現金持有量低於企業最低限量，CFO應能及時使得知資訊，以便能儘快採取措施，保證企業生產經營的正常進行。

⑷現金管理手段的科學化。要提高現金管理標準，應對現金使用情況實行定期考核與事後分析。現金考核的指標很多，不同的企業可根據其實際需要來制定。現金考核可以用絕對數指標也可用相對數指標，要視具體考核內容而定。如現金收入量的考核、現金支出量及構成的考核分析、現金使用範圍的考核、現金預算完成情況的考核、最合理現金存量持有情況的考核等。

考核現金利用情況的一個重要指標是現金周轉率，其基本計算公式如下：

現金周轉率＝收到現金的銷售收入／現金平均餘額。

公式中分子是指企業銷售收入中在本期實際收到的現金部分，「現金平均餘額」指企業現金的期初餘額與期末餘額的平均值。因為分子的現金銷售收入是一定時期內發生的，所以分母不能用某一特定時點的現金餘額與此相比，也應運用平均值。

一般而言，現金周轉率（次數）越大越好，說明現金流轉快，現金利用率高，收回現金沒有被長期閒置，而又投入企業經營之中。

企業可以根據現金管理目標，事先估計出全年或一定時期內的現金流入量，除以企業確定的最合理現金持有量的平均值，便能瞭解本期現金利用標準。當然，也可與上期或同行業進行比較分析。

從企業對營運資金的管理來看，提高現金周轉率有重要的意義，因為它呈現了現金利用效率和企業現金收入的實際運作。因為要提高周轉率勢必要從降低現金平均持有量和增加入庫現金的銷售收入兩個方面著手，兩者相輔相成，平均現金持有量下降，而又不影響當期現金使用量，只有依賴增加銷售收入來完成。而要擴大銷售收入，又必須要大量現金支出，壓縮庫存現金。所以現金周轉率指標的考核分析特別重要，不但要看與計劃數的差異，還要注意對不同時期銷售收入總量變化和現金平均持有的變化做出分析，才能真正瞭解和掌握現金周轉率變化的真正原因。

☑現金管理的日常技巧

企業應加強現金日常管理，其目的是防止現金閒置與流失，保障其安全完整，並且有效地發揮其作用。

(1)現金回收管理技巧。現金回收管理的癥結所在是回收時間。如何縮短收現時間，加速資金周轉是現金回收管理要解決的問題。

企業帳款加快收回速度的方法主要有以下幾種：

其一，郵箱法。企業在各主要城市郵局開設收取支票的專用信箱，設立存款帳號，客戶將支票投寄入郵箱內。

優點：省去帳款回收的程式。

缺點：管理成本高，增加郵箱管理的租用費。

其二，銀行現金業務集中法。企業在主要業務城市開立帳號，指定一家開戶行為主要銀行，集中辦理收款業務。

優點：節省了客戶支票寄到企業再到銀行的中間周轉時間，加速了收款過程。

缺點：多處設立收款中心，增加了相關費用。

郵箱法與銀行現金業務集中法其出發點都在於縮短收款時間，簡化收款程式，有異曲同工之妙。

(2)現金支出管理技巧。現金支出管理的癥結所在是支出時間。反其道而行，站在支付方的角度，企業當然越晚支出現金越好，但前提是不能有損企業信譽。因此現金針對支出管理重心放在如何延緩付款時間上。

第一，推遲支付應付帳款。一般情況下，對方收款時會給企業留下信用期限，企業可以在不影響信譽情況下，推遲支付時間。

第二，採用匯票付款。匯票支付結算方式存在一個承付期的過程，企業可利用這段承付期延緩付款時間。

第三，合理利用「浮動量」。現金浮動量是企業「現金」帳戶與銀行帳戶之間的差額。這是由於（廣義上的現金）帳款回收過程中的時間差距造成的。企業應合理預測現金浮動量，有效利用時間差，提高現金的使用效率。

☑不讓資金閒置

在企業資金周轉時，難免會有閒置資金，有時是現金收入多於計劃，有時現金支出少於計劃，有時也許是資金已經安排好了用途，但還未開始利用，在資金周轉時，如何運用閒置資金也是應考慮的問題。

閒置資金一般選擇的運用途徑主要有：

(1)投資做點「短、少、快」的生意。這種做法有很大的危險性。首先是商場如戰場，「短、少、快」的項目一般利潤不會太高，虧本也很正常。而且更大的風險是「快」字出了問題，本來很快可以收回的投資一拖再拖，很久收不回來，這會使短期投資也變成長期投資，充裕的資金變成資金不足，輕鬆的資金周轉變成困難的資金周轉。

(2)定期存款。這種方法獲利較低，波動性較差。急需用錢提前解約時有利息損失，若用存單抵押貸款也會損失利息，明明有錢，卻因定存取不出，要用較高的利率向銀行貸款，從利息角度看，這更不合算，因為貸款利率遠遠高於定存利率。

(3)購買股票。這種方法的缺點是風險大。因為企業畢竟不是證券公司。企業炒股並不是賺錢的正途。眾所周知有時炒股會拖累整個企業的發展。

(4)購買房地產。這種方法的缺點也是很鮮明的，購買房地產需要複雜的專業知識和法律知識，且房地產所佔用的一般均是巨額款項。房地產不容易變成現金，無法應付緊急支出。

(5)企業間借貸。這個借貸市場的利率一般較高，但因為企業不是銀行，也沒有放款的專業知識，所以，企業最好不要同企業有借貸往來。與銀行借貸應是正途，因為高利貸一般均伴隨著高風險，因此抵擋不住誘惑的企業（其實個人也一樣）容易上當受騙，得不償失。對於企業來說，短期安全可靠的資金運用方法就是購買債券。

三、加強對現金流量的管理

對於企業而言，現金收入包括營業現金收入和其他現金收入。主要有產品銷售收入，設備出租收入，證券投資的收入等。現金支出包括營業現金支出，如材料採購支出，薪資支出，管理費用支出，銷售費用支出，財務費用支出等。其他現金支出包括廠房、設備投資支出，稅款支出，債務償還支出，股利支出，證券投資支出等。對於企業而言，現金管理的目的就是保證企業生產經營所需現金，現金管理的內容主要包括現金流量的管理，對現金需求的估算，及估算現金與實際現金的差額管理。

☑加強對現金流量的管理

(1)加速收款，延遲還款是企業現金流量管理的要訣。企業購入原物料進行生產加工，然後轉入銷售環節至賣出的時間內。若購入和賣出均為信用交易，則不發生現金流量。但在企業賣出產品後，應付款項一般會先於應收款項列入現金管理的日程，因為應收帳款控制主動權在彼，應付帳款控制主動權在此，支付投資與應收款項的時間間隔越短，企業的現金庫存壓力就越小。

即應付款項延後，應收款提前，這樣能使企業佔用的短期資金減少，提高資金利用率。比如，企業在一月份購入原物料，二月份加工完畢投入市場，三月份將商品出售。一月份應付帳款三十萬元，於四月一日到期，三月份商品產生應收帳款三十五萬元，於六月一日到期。則在四月一日，企業若有庫存現金三十萬元就必須清償，直到六月一日，企業才能彌補這項現金支出。

而三十萬元現金兩個月的利息費用將為 300000 × 8% × 2/12 ＝ 4000 元（以市場平均年利率為八%計算），若企業應收帳款於四月十日到期，則利息費用將為 300000 × 8% × 2/12 × 10/30 ＝ 667 元。以此可見，早收款的妙用，晚還款的好處類似。

(2)控制支出是資金管理的又一法則。控制支出包括在對購貨支出控制和人員薪資的控制，但這都有一定限度，難以持續利用此種手段來保證現金周轉。為使現金利用率達到最高，許多企業都運用「操縱浮支」和「透支制度」，所謂操縱浮支就是企業根據銀行存款收支的時間差，使企業向銀行開出的支票總金額超過其存款帳戶上結存的餘額。

在企業開出支票未到期時，銀行還沒有把支票從企業存款帳戶中扣除，而在這同時，另一筆收入將先期進入銀行存款，所以這與「開空頭支票」不同，不屬於透支。與此相應的是喜歡風險的財務經理與銀行協定，在其銀行存款不足其支出的時候，由銀行為其借款，並規定最大限額，以此減少現金佔用率，但也造成了較高的利息支出。

臨時性的小額資金周轉，也可透過短期籌款管道進行，如增發股票，發行債券，向銀行貸款等。

☑估算現金與實際現金的差額

估算現金即企業根據將要發生和以往的現金收支金額，及現金的日常控制對當期所需現金餘額做出的估算，實際現金即指當期實際發生現金收支餘額。當估算現金額低於實際現金時，企業就要使用之前說過的策略；當估算現金高於實際現金時，再存現金出現盈餘或過多，如何利用這個差額來獲利就成為資金運用的關鍵，一般來說，這個差額較小的，可以進行短期證券投資。比如：

(1)可轉讓存單。可轉讓存單是指在市場上轉讓（出售）的商業銀行存放特定金額、特定期限的存款證明，由於可轉讓存單能夠貼現，流動性深受企業歡迎。

(2)銀行承兌本票。銀行承兌本票是指在商品交易後，由賣方開出，載明金額及付款日期，由買方銀行承兌的本票。在票據到期之前，賣方可以到銀行貼現，獲得現金。一般情況下此種本票的期限不超過一百八十天，銀行承兌本票一般風險不大，變現能力較強，是較好的短期投資對象。

(3)企業股票和債券。雖然股票和企業債券均屬長期證券，但由於可在金融市場上轉讓變現，因此，企業可以對其進行短期投資，但應投資於變現能力強，風險小，價格平穩的股票和債券。

有時會出現這種情況：甲乙兩個公司若均處於資金周轉的困境中，雙方私下達成協議，互相交換等額票據，安排好之後，甲乙兩公司可分別拿著對方開出的票據進行貼現，將貼現所得金額抵付其他費用以應付周轉困難，或避免流動資金不足。雙方在票據到期日之前將現金存入帳戶，兌現票據，完成交易。

四、準確掌握企業資金的最佳持有額度

☑企業營運必須持有一定的現金

在企業的實際生產營運過程中，現金往往不能或很少能提供收益。從這一點上看，企業應該杜絕持有現金。但是在實際上，任何一個企業都不會這樣做，它們總是要保持一定的現金流量。究其原因，企業持有現金是由它的交易動機、預防動機和投機動機所決定的。

(1)交易動機。交易動機亦稱支付動機，是指企業必須持有一定的現金以滿足生產經營過程中的支付需要。企業的生產經營活動是持續不斷的，在這一過程中，償還債務、購買材料、發放薪資、支付雜項費用等各種各樣的支付需要，每天都會不斷發生。雖然企業也在不斷地透過銷售、收回應收帳款等行為而產生一些現金的收入，但是這種收入與需要的現金支出並不能保持同步；於是，儲備一定量的現金以便滿足不斷發

生的支付需要就是必要的。否則的話，必要的交易無法完成，企業的正常生產經營活動也較難以繼續。此外，在有些企業裡，其銷售活動中可能需要一定量的現金，這也是持有現金的一個原因。

為了交易的需要而持有足夠的現金，還能得到的好處是：第一，較多的現金儲備可以提高企業的流動性和償債能力，維持企業較高的信譽，從而使企業能夠很容易地從供應者那裡取得商品使用；第二，較多的現金餘額可以使企業充分利用交易現金折扣，從而降低購貨成本或降低財務費用。

企業出於交易動機而持有的現金額通常被稱為交易性現金餘額。交易性現金餘額的數量主要取決於企業的生產經營規模特別是行銷規模，一般而言應與行銷規模呈正比例的變動。此外，企業生產經營的性質（如製造業或零售業）、特點（如是否有季節性）等都會影響到企業所持有的交易性現金餘額的大小。

⑵預防動機。有時候，企業持有一定的現金以便應付發生意外事件所產生的現金需要，這種動機稱之為預防動機。現代企業的經濟環境和經濟活動日趨複雜，因而企業未來的交易性現金需要並不總是確定的；再加上有可能出現的各種自然災害，都有可能使未來的現金需要發生異常變動。因此，為了滿足未來發生意外事件的現金支付

需要，也為了保證企業未來的生產經營活動得以進行下去，企業應該考慮保持一定的現金儲備，也就是說，應該持有一個較之正常交易所需要的現金量更大一些的現金餘額。

企業為預防動機而持有的現金額被稱為預防性現金餘額。預防性現金餘額的數量取決於企業生產經營的穩定性和企業對未來所作的現金預防的準確性。一般而言，企業生產經營比較穩定，現金預測相對比較準確，預防性現金餘額可以相對較小；反之，則應保持較大的預防性現金餘額。此外，企業臨時性融通短期資金的能力、管理當局願意承擔的風險程度、未來自然災害及其他某種變故發生的可能性都是影響預防性現金餘額大小的重要因素。

(3)投機動機。投機動機是指企業持有一定資金以備滿足某種投機行為的資金需要。一般而言，這裡所說的投機行為主要是指在證券市場發生劇烈動盪時，企業以手頭上所擁有的現金投資於有價證券以便賺取豐厚的投資收益。此外，商品市場上發生某種巨大的波動致使企業購置某種材料商品以賺取巨大收益也屬於投機行為。

企業為投機目的而儲備的現金額可以稱之為投機性現金餘額。不過，對於絕大多數企業來說，儲備投機性餘額而計劃在未來從事某種投機行為的現象是很少發生的，因為人們往往很難預料到未來是否會存在發生投機行為的可能性。相應地，投機性現金餘額的預計也幾乎是不可能的。一般情況下，企業都不會專門為投機性需要而安排現金餘額。

此外，如果銀行規定企業必須履行補償性要求的話，企業的存款帳戶中也必須維持一個最低存款額。

☑確定現金的最佳持有額度的方法

為了保證足夠的流動性，為了保證正常周轉的需要，企業必須持有一定的貨幣資金銷售量，但是，貨幣資金基本上是一種非盈利資產，過多持有勢必造成浪費。因此，考慮兩方面的原因，企業必須確定貨幣資金的最佳持有額度。確定了這個額度之後，企業應嚴格把握住這個額度。一旦貨幣持有量超過該額度，即應將多餘部分迅速追加於生產經營或從事短期投資或償付短期債務；而當貨幣持有量低於該額度時，即使有盈利甚豐的有價證券，企業也不應當貿然投資。

貨幣資金最佳持有額度主要有以下幾種確定方法。

(1)現金周轉模式。如果企業的生產經營過程一直持續穩定地進行，現金支出基本上是購貨和償還應付帳款，且不存在不確定因素，那麼，我們可以根據現金的周轉速度和一定時期（如一年）的預計現金需求量進行計算。

毫無疑問，現金周轉速度越快，平日持有的現金就越少。

現金循環天數亦可稱為貨幣資金運作週期，是指企業從由於購置存貨、償付欠款等原因支付貨幣資金到存貨售出，收回應收款而收回貨幣資金的時間。在存貨購銷採用信用方式（月結方式）時，其計算公式為：

現金循環天數＝平均儲備期＋平均收帳期－平均付帳期

例如，某企業平均應付帳款天數為二十五天，應收帳款收款天數為二十天，存貨天數為七十，則現金循環天數為六＋五天（70 ＋ 20 － 25 ＝ 65）。相對地，其年周轉次數為：

現金周轉次數＝ 360 ÷ 65 ＝ 5.54（次）。

假定該企業預計未來一年的現金總需求額為 35,000,000 元，則：

現金最佳持有額度＝ 35,000,000 ÷ 5.54 ＝ 6,317,689（元）。

現金周轉模式操作比較簡單，但該模式要求有一定的前提條件。首先，必須能夠根據往年的歷史資料準確地測算出現金周轉次數，並且假定未來年度與歷史年度周轉效率基本一致；其次，未來年度的現金總需求應該根據產銷計劃比較準確地預計。

如果未來年度的周轉效率與歷史年度相比發生變化，但變化是可以預計的，那麼該模式仍然可以採用。

(2)成本分析模式。由於現金本身並不能給企業帶來什麼收益，企業持有現金是需要付出一定代價的，但這種代價與其持有量並沒有明顯的比例關係。這種代價需要從幾個方面來考慮，所以對現金持有成本要採取綜合分析方式。一般持有現金的成本主要有機會成本、短缺成本和管理成本三種。三者之和構成了相關總成本。成本分析模式的基本思想就是要求持有現金相關總成本最低點的現金額度，以此作為最佳持有額度。

其一，投資成本。投資成本是指佔用於現金上的投資的資金成本或投資者所要求的收益率。現金作為資金總體的一部分，或者來自債權人，或者來自股東，因此，持有現金必須考慮相應的投資成本。持有現金越多，其相應的投資成本也就越多，反之亦然。

也有人把投資成本稱為機會成本。道理是一致的。庫存現金沒有任何直接收益，銀行存款中有的沒有利息收益，有的有利息收益，即便有，數額也非常小。如果將現金投資於有價證券則可以賺取一定的投資收益，如果將現金持有而未進行投資則就喪失了投資收益取得的可能，由此而形成了機會成本。機會成本可以用證券投資的收益率來表示。

表示投資成本或機會成本採用資金成本率（或預期報酬率）、證券投資收益率等指標均是可行的。

其二，管理成本。管理成本是指從事現金收支保管與有關管理活動的各種費用開支，如有關人員的薪資、保險裝置費用，建立內部控制措施及辦法而引發的費用等。管理成本通常是固定的，在一定的相關範圍內不隨現金餘額的多少而變動。

其三，短缺成本。短缺成本是指企業現金持有不足而招致的損失。短缺成本主要表現在三個方面：首先，現金不足使企業不能在折扣期內付款，從而喪失了優厚的現金折扣，使購貨成本提高或利息費用增加、利息收益減少；其次，現金不足使企業不能在債務到期時及時償還，立即可能招致的損失就是銀行或供貨方等信用提供者要求的罰款、罰息或提高利率，後續的損失就更大了，由於信譽下降，銀行可能就不會提供貸款或者只能提供有條件的貸款，供應商可能不會提供商品信用而要求現款交易；再次，現金不足使企業喪失購買能力的話，生產經營維持所必須的材料及雜項開支得不到保證，還有可能導致生產經營的中斷，損失將會更大。

上面介紹的現金不足所招致的三個方面的短缺成本，只是從測定現金最佳持有額度考慮的，能夠進行有效地計量成本。事實上，現金不足達到一定的幅度和時間，如果對大量債務無法償還的話，將會引發嚴重的財務危機，並有導致企業破產倒閉的可能。因此，從管理的角度來看，保持一定的現金和足夠的流動性是有必要的。

(3)隨機模式。在存貨模式中假定未來現金需求事先預知，並且支出均勻。事實上這是很難做到的。現金的流動性往往是隨機的，而且需要量不易事先預知，企業此時只能為其制定一個由上限和下限所組成的區域。

當現金持有量達到該區域上限時，即可將現金部分地轉換為有價證券；當現金持有量不到該區域下限時，就應出售有價證券收回現金資金。一般來說，現金的持有量處於兩極極限之間時則無須考慮現金的投資與回收問題。

(4)其他的測算模式。

其一，比率測算。選取某一標準（如流動負債、經營收入、經營支出等），根據歷史資料找出現金最佳持有額與所選取的標準之間的比例關係，確定未來時期的最佳現金持有額度。這種做法又被稱為比例測算。例如，國外有些企業以現金與流動負債之間的比率來測定最佳現金持有額，其大致公式為：

（歷史）現金最佳持有額與流動負債的比率＝現金持有額÷流動負債額×一〇〇%。

對該比率再結合未來情況予以適當調整，可以透過下列公式測定未來時期的現金最佳持有額度：

（未來）現金最佳持有額度＝預計平均流動負債總額×現金與流動負債之間的比率。

例如，某企業過去三年平均現金比率為〇・六，根據同行業情況和未來年度的情況，擬將現金比率降低十％，假定預計下年平均流動負債總額為8,650,000元。則可測定下年的現金持有規模如下：

下半年現金持有額（元）＝8,650,000×0.6×（1—10％）＝4,671,000（元）。

其二，經驗估計。對經營已久而且經營與財務狀況基本穩定的企業來說，未來年度的最佳現金持有額也可根據歷史資金和預計未來年度的變動因素予以估計，而無須進行上述繁瑣的測算。

上述各模式各有自身的特定要求和特點，計算結果也會存在差異，有時甚至出入很大。各企業的CFO應根據本身的實際情況合理選用。一般說來，以下幾點是你應注意的問題：

每種模式各有自己所要求的條件，CFO應仔細分析，看本企業的情況是否適用。也就是說，各模式的預設前提應與企業實際情況相吻合。例如，如果企業的貨幣支出確定均勻和穩定，未來貨幣需要量確知，甚至個別時候現金儲備趨於零時也不會影響營運，那就可以採用存貨模式或資金周轉模式。但如出現相反的情況，企業更宜於選取隨機模式。再如，現金投資於證券以及證券變現的機制不健全，那麼以證券轉換為條例的模式便不能採用，而須選用其他模式。

每種模式各有自己所要求的已知資料，你應根據有關資料是否能夠並易於取得來決定選用哪種模式；此外，企業持有額度是否相關以及相關程度如何，否則，極易形成錯誤的導向。

各種模式基本上都是根據數學原理主觀推算的，而現實經濟生活則複雜多變，因此，CFO還應對所測算出來的數字予以適當調整，爾後形成將來據以管理的最佳現金資金持有額。

如有必要，企業還應同時採用幾種方法測定，從中確定最佳現金資金持有額度。

五、科學地進行存貨管理，建立安全存貨量

☑有效的存貨管理是企業CFO日常管理的重要內容

存貨是指企業在生產經營過程中為生產或銷售而儲備的物資。

企業儲備適量的存貨可以有效地防止停工待料事件的發生，維持生產的連續性，

存貨儲備能增強企業在生產和銷售方面的機動性以及適應市場變化的能力，集中進貨又能有效降低進貨的成本。

因此，任何一個經營管理者都要重視存貨的控制與管理。存貨控制或管理效率的高低，直接反應並決定著企業的收益、風險以及流動性的綜合狀況，因而在整個投資決策中具有舉足輕重的地位。切記，一個企業的財務主管只重視資金的運用而不注重內部資金管理是很危險的！

存貨一般佔用企業流動資金很大一部分，故有效的存貨管理是企業CFO日常管理的重要內容。有效的存貨管理，就是要做到能保證企業生產經營的連續性，又要保證儘可能少的佔用企業營運資金，提高企業資金的綜合利用標準。

維持一定數量存貨，必然會發生一定數量的成本支出，與存貨管理有關的成本有以下幾項：

(1)採購成本。採購成本是指由商品材料物資的買價和運費所構成的成本，即指存貨本身的價值。採購成本總額是由採購單價與數量的乘積來確定的，一般情況下，採購成本與採購數量成正比例關係。CFO應組織有關人員認真研究商品材料的供應情況，爭取採購物美價廉的材料物資，以降低採購成本。

(2)訂貨成本。訂貨成本是指為訂購商品、材料而發生的檔處理和驗收成本，如郵資、電話費、辦公費、差旅費等。訂貨成本中有一部分與訂貨次數無關，如常設採購機構的管理費，採購人員的薪資等基本開支，屬於固定成本。另一部分與訂貨次數有關，如郵資、差旅費等，它們屬於變動成本。為了降低訂貨成本，企業需大批量採購，以減少訂貨次數。

(3)儲存成本。儲存成本亦稱持有成本，是指存貨在儲存過程中發生的成本，包括倉儲費、保險費、存貨破損和變質損失、佔用資金應支付的利息等。儲存成本也分為固定成本和變動成本兩部分：固定成本與存貨數量的多少無關，如倉庫折舊費，倉庫員工的固定薪資等；變動成本與存貨數量有關，如存貨的保險費、存貨破損和變質損失、存貨佔用資金應支付的利息等。為了降低儲存成本，企業就需要小批量採購，減少儲存數量。

(4)缺貨成本。是指企業由於存貨供應中斷，而給生產和銷售造成的損失。例如，由於材料供應中斷造成的停工待料損失，由於生產成品庫存缺貨造成的延期發貨付出的罰金和喪失銷售機會使企業信譽遭受的損失，由於緊急採購材料而發生的緊急額外購入成本，等等。企業存貨的總成本就是由上述的採購成本、訂貨成本、儲存成本和缺貨成本四部分構成的。企業存貨的最優化，就是使企業存貨的總成本最小。

公司在生產和銷售預算研究確定的情況下，存貨量的大小取決於採購量。存貨管理的基本目標是以儘可能小的成本使公司存貨維持正常的經營活動。具體來說，存貨管理的目的就是要力求在各種存貨成本和存貨效益之間做出權衡，使兩者能達到最佳結合，尋找公司最合理的存貨儲備，為公司帶來最好的經濟效益。除此之外，存貨管理的目的還有要做好存貨的日常管理，加強收發監督和存貨控制，建立存貨資金的歸口和分級管理制度，明確經濟責任，制定存貨定期監督和檢查制度，加強存貨管理的資訊回報，加快存貨資金周轉，提高資金利用率。

在確定企業存貨管理體制的內容時，你應當明確以下四個基本問題：

(1)在某一時間點上公司的訂貨量（或生產量）應該是多少？

(2)在什麼存貨標準上公司應該訂貨或生產？

(3)什麼樣的存貨專案需要公司加強管理？

(4)公司存貨成本變動能夠進行長期保值嗎？

存貨管理涉及到公司供產銷各個部門。但由於分工不同，公司各部門對存貨管理的重點是不同的。對於財務部門來說，不但要關心具體存貨數量，還應重視存貨佔用資金的管理，然而最為關鍵的是重視存貨管理的總體情況。財務部門的責任不是拘泥於某一部門的要求，而是根據公司總體目標，綜合協調好各種存貨的數量和其資金佔有比例情況。

財務人員應根據實際情況努力確定最合理的存貨儲備，使成本最低而收益最大。基於這一點，作為CFO的你以及你的下屬應十分熟悉各種存貨的特點，構成及其在存貨總量中應占合理的比例等，還要瞭解可能影響存貨變動的各種因素，熟練掌握存貨控制的各種方法。

☑常見的存貨管理方法

(1)經濟批量法。經濟批量是從企業整個生產經營策略而言，在各個部門存貨上所花費的費用最低而獲得最佳效益的數量。一般地說，它是由經濟訂購量（或稱經濟採購批量）、最佳批量、安全存貨量三個內容構成。

第一，經濟訂貨量（經濟採購批量）。經濟採購批量是指既能滿足生產經營需要，又能使存貨費用達到最低的一次採購批量。它涉及到存貨的採購費用和儲存保管費用兩方面內容。

採購費用是指從企業向賣方發出訂單起，到物資運抵企業入庫的過程中所發生的各種支出，包括訂貨費用、運輸費、差旅費、入庫前的挑選整理費、檢查費等。此項費用總額會隨著採購次數的增加而增加，要減少此項費用，就勢必要減少採購次數，提高每次採購量，但這會相應地增加存貨的儲存保管費用。

儲存保管費用是指存貨在倉庫儲存期間所發生的各種支出。包括存貨保險費、倉庫租金、管理員薪資、庫存合理損耗以及籌集佔用於存貨上的資金所支付的利息費用等。此項費用總額與存貨量成正比關係，存貨量越大，費用額越高，要減少此項費用，就要減少存貨量，但這勢必增加採購次數，從而增加採購費用。

很顯然，上述兩項費用對存貨採購次數和採購量的要求截然不同。那麼一次的採購是多少，才能使採購費用和儲存管理費用最低？這要求企業CFO必須根據自身的實際情況決定。

第二，最佳生產批量。最佳生產批量，是指企業成批生產中與之相關聯的費用最低的生產批量。

與企業生產某產品每批生產數量相關聯的成本是其生產成本、調整準備成本和儲存成本。生產成本指某產品在製造過程中所耗費的有關成本，如直接材料、直接人工和製造費用。調整準備成本是指某產品每批生產前進行調整準備工作所發生的有關成本，如調整機器、清理現場、調換模具、佈置生產線等耗用的材料和人工費等。

調整準備成本每生產一批發生一次，與生產次數成正比例變動，與每次生產批量的大小無關。儲存成本是指某產品在儲存過程中研發生的有關費用，如倉儲設備費、搬運費、保險費、保管費、儲存過程中損失費以及佔用資金的利息費用等等。

儲存成本隨產品庫存量的增加而增加，二者通常成正比例變動。以上三項成本的性質不盡相同，它們對最佳生產批量的影響也不同。

在全年生產量一定的情況下，生產成本為一常數，對最優生產批量沒有影響，即無論生產批量為多大，產品生產成本基本上保持不變，但調整準備成本和儲存成本卻是可變的。如：擴大生產批量、減少生產次數，可降低全年調整準備成本，減少生產批量可降低儲存成本。調整準備成本和儲存成本之間互為消長。因此，就有一個使與產品相關聯的成本總額達到最低標準的最佳生產批量的問題。

第三，安全存貨量。企業的生產和銷售由於受到季節性因素以及意外情況的影響，不可能保持始終均衡的狀態，因此，企業的各項存貨要適應這一特點，就必須保持一個安全存貨量。也就是說安全存貨量是指在正常情況下不需動用，能使生產經營在不均衡、不正常的情況下不受太大的影響而照常進行的最低存貨數量。

安全存貨量的確定通常有以下兩種方法：

根據安全存貨量變動的因素分析確定。一般地說，影響安全存貨量的主要因素有以下幾個：購入存貨到貨期可能延誤；購入存貨的品質可能不符合要求；生產需要或銷售量可能突然增加而高於平均標準。安全存貨量就是在正常存貨量基礎上，加上以上若干因素影響的數量之和。

利用預計數值建立安全存貨量。其計算公式：

安全存貨量＝（預計每天最大耗用量－預計平均每天正常耗用量）×預計訂貨提前期。

其中，訂貨提前期是指由於存貨需用量增大，而致使訂貨需要提前的天數。

例如某企業甲材料三十天訂貨一次，預計訂貨提前期為十天，平均每天耗用量為十六公斤，每天最大耗用量為二十公斤。則有：

安全存貨量＝（20－16）×10＝40（公斤）。

按照生產需要，企業的最低存貨量應該是安全存貨量加上前期內正常耗用量。以上例資料，企業最低存貨量應為：

（16×10）＋40＝200（公斤）。

也就是說，當企業存貨降至兩百公斤時，就應該立即訂貨。因此，確定安全存貨量是確定企業訂貨點的重要依據之一。但是，企業還應考慮到，安全庫存量雖能減少缺貨損失，但卻不可避免地增加了庫存存貨的儲存費用。所以，最合理的安全存貨量應使存貨短缺損失和安全存量的儲存費用之和為最小。

據經驗及歷史資料計算得知，企業生產期間內每短缺一公斤材料相應發生缺貨損失〇・五元。存貨單位儲存成本按單位的十五%計算。則由於短缺而損失可計算如下：

缺貨損失＝缺貨數量×訂貨次數×缺貨機率×單位缺貨損失

以上是說明由於生產需求量的變化引起缺貨問題。在實際工作中，也可能因交貨延期而引起缺貨。如果是這樣，可透過預計延誤日數乘上平均日耗用量來測算出應增加的安全存量即可。

(2)ABC分類控制法。一般說來，企業的存貨品種、規格繁多，數量大，佔用資金多，不同品種規格存貨的數量在佔用資金中差別很大。因此，要對每種存貨逐一計算定額、經濟批量、並透過盤點來確定訂貨點，事實上是不可能的。為了有效地控制存貨，降低存貨成本，提高企業經濟效益，必須對多種存貨進行科學的分類，並據以實施不同方法的控制。ABC法就是一種簡便易行的存貨分類控制方法。

ABC法是將重點與例外控制的觀念應用於存貨控制的一種方法。具體地說，就是根據各項存貨在全部存貨中重要程度的大小，將存貨劃分為ABC三類。其中：A最重要的是A類，應實行重點管理；比較重要的是B類，應作常規管理；不重要的是C類，只作較為簡單的管理。其基本方法是：

第一，ABC分類。ABC法下，需將全部存貨按品種數量和佔用資金的多少區分為ABC三類。其中：A類存貨的品種、數量通常約占全部存貨的品種、數量的十%，資金約占金額的七十%；B類存貨的品種，數量通常約占全部存貨的二十%～三十%，資金約占金額的二十%；C類存貨的品種、數量約占全部存貨的六十%～七十%，資金約占金額的十%。

第二，控制方法。A類存貨因品種、數量少、價值大，佔用資金多，應列作庫存管理的重點，要求採用適當的方法，科學地確定該類存貨的經濟批量和定額。B類存貨則在訂貨數量和訂貨時間也加強控制，但一般可按類別確定其訂貨數量和各部分定額。C類存貨一般可採用集中採購的方式，並適當加大安全存貨量，以簡化手續，節約訂貨費用，同時避免缺貨損失。

實施ABC分類控制法，就可以有重點地對全部存貨實施管理。A類存貨，儘管品種較少，但佔用的資金比重大，這就要求企業管理人員要集中精力，對A類存貨進行嚴格控制。只有控制了A類存貨，才能確保存貨資金的有效管理；C類存貨儘管品種較多，但佔用的資金卻是小部分，所以不必花費太多的精力，一般只需憑經驗管理；B類存貨介於A類與C類之間，對B類存貨的管理要視具體情況而定，實施有效管理。

第三，存貨周轉率法。存貨周轉率法，是存貨管理中的一個有用的方法。存貨周轉率指在某一個固定期間，已出售產品的成本除以存貨持有量。它表示在這一期間的存貨周轉了幾次。其計算公式如下：

存貨周轉率＝銷貨成本／存貨平均餘額。

應該注意的是，在上述計算中，存貨平均餘額是根據年初存貨數和年末存貨數平均計算出來的。由於存貨受各種因素的影響，全年各月份的餘額必然有波動。這樣，按每月月末的存貨餘額來計算全年存貨的平均餘額顯然較上述方法得出的結果要準確一些。存貨周轉率高，說明公司存貨的變現能力越強，資產管理能力越高。

存貨的周轉速度還可用存貨周轉天數這個指標來根據。這個指標反應的是公司存貨每完成一次周轉所需要的天數。存貨周轉天數計算公式如下。

存貨周轉天數＝360

存貨周轉率＝存貨平均餘額／銷貨成本×360

存貨周轉天數越少，說明存貨變現能力越強，流動資金的利用效率也就越高。

正因為如此，商業企業特別重視存貨周轉率。走在大街上，人們經常會看到冬季還沒真正過去而冬季服裝大拍賣的廣告就已在宣傳，在報紙上也常會看到這類廣告。像這樣的大拍賣的銷售法，看起來似乎是損失，但如果到明年同一季之前，資金就被凍結了，這是要考慮的一點。如果冬季末大拍賣時以成本銷售，仍可用獲得的資金購買春季服裝來銷售，再利用這些銷售所得的資金購買夏季服裝來銷售。假設春裝、夏裝各賺兩成，也就是以同樣的資金賺得四成。但假如將資金閒置一年，就會使資金周轉困難，同時，也將失去賺錢的機會。

透過存貨周轉率指標，可以檢查庫存量是否適當。如果資金周轉次數多，利用的比例高，則表示資金周轉好，銷售順利。但若比例過高就要注意了，因為，這表示庫存量少，在銷售時會發生問題。

對存貨周轉率的考察，最好結合ABC分析法，對不同類別的存貨分別計算周轉率，消除零周轉存貨，根據各類不同存貨的不同要求，制定更有利於財務節約，更有利於管理的周轉率。

第四節 降低財務成本，相應提高品質

一、降低財務成本和提高品質並不矛盾

許多企業的經營都遵循這樣一個由來已久的前提：降低成本，就會降低品質。畢竟，對一個百吃不厭的食譜而言，要節省配料就不可能保持原汁原味。但近年來，越來越多的企業發現，在許多領域（包括財務）卻是相反：企業可以降低成本，並因此提高品質。

財務也許算是一種參謀機構，但品質觀念仍適用於財務監控、記帳及報表等傳統職能，包括從處理應收、應付款到預測和預算編制及月報表，也適用於日趨重要的財務分析職能。

在財務方面，企業也可以透過附加價值來提高品質，即降低交易成本、加快處理、

尋求獲得更好資訊的捷徑等。附加價值又會提高現金流量，帶來更好的決策及其他好處。

當企業意識到財務部門工作的速度、所帶來的成本和成效會影響到企業每個環節的時候，就會推動財務部門的變革步伐。企業可雙管齊下採用兩種延伸策略，即儘量降低成本和盡力優化合作，來提高品質。

二、降低財務成本的途徑

大多數企業早已在努力控制財務成本，特別是交易處理成本，其中包括應收款、應付款、薪資和差旅費用等。企業可以透過以下四種途徑儘量降低財務成本：

(1)抓住業務需要。許多財務部門提供某些報表是習慣所致。隨著時間的流轉，企業業務在不斷成長、發展，資訊需求不斷變化。透過抓住確實必要的業務流程和財務報表，就能去繁就簡。

(2)投資更好的技術。一流的技術能幫助財務部門快速提高生產率，但要注意「太過超前的」技術。與其試用新一代技術，不如用行之有效的系統。找不太貴的系統，例如找相容的產品而不要高價位的名牌。同時，還要尋找資本回收期短、能不斷投資的技術。

(3)培養高度敬業精神。要讓財務部門的員工熱愛自己的工作，用技術省卻他們的苦差事。造就一個自我管理的團隊，使員工各盡其職。根據業績進行獎勵。

(4)提高業務流程的效率。為了降低成本，可以採取如下做法：

業務流程重組——進行徹底分析和革新，會使工作方式發生根本性的變化。

持續改善——一旦進行了業務流程重組之後，就可用統計流程控制及其他精減措施進行持續提高。

共用服務——同其他公司共用某一業務流程就能取得規模經濟效益。

外包——讓大型服務公司承包服務，比小公司自己動手費用低得多。可以找一些能提供專家建議的服務公司來處理貨運付款、薪資、信貸、收款、差旅費用帳目等。

三、加強優化合作

最好的財務部門正在建立一種新型關係，這種關係建立在向公司其他部門提供資訊價值的基礎上。這些財務人員明白，他們的職責就是說明公司實現目標。他們評估整個公司的業績，提供用以經營決策的資訊，從而為實現公司的目標做出貢獻。這最終將成為任何一個財務部門創造價值、成為高效組織的方式。

企業可以透過以下三種方式加強優化合作：

⑴與業務部門融合。財務部門的員工如果意識到他們不是一個孤立的流程，就可以為企業創造奇蹟。他們參與業務運作，憑藉自己的財務專長和業務判斷能力，發揮出不同凡響的作用。

⑵重視內部員工。以服務為導向可使財務部門明白許多職責。要常自問：「我們怎樣才能滿足內部員工的需要呢？」然後，盡自己的所能去協助其他部門更好地經營企業。

⑶重新調整時間，瞄準財務分析和決策支持。儘量減少日常財務職能的費用，企業就能騰出資金來提供有附加值的服務。

財務品質的提高不會一夜之內就能實現，也不會一帆風順。沒有管理層的支持也無法提高財務品質。管理層必須願意變革，願意承擔風險，願意對高素質的員工和技術進行投資。

經過上述一番努力，財務部門既能降低成本，又能提高品質。透過最大限度地降低成本和加強優化合作，財務部門才能成為真正為企業增加價值的高效機構。

第五節

嚴管財務制度，防範假帳和舞弊

一、查證會計舞弊，防止假帳

假帳和會計舞弊對於許多企業的領導層來說都是一件很令人頭痛的事情，而且假帳對於企業的危害也是非常的嚴重。如何有效地識別、防止單位假帳的發生，也是擺在每一個CFO面前的一個問題。

會計舞弊是指會計人員或有關當事人為竊取資財而用非法手段進行會計處理的不法行為。會計舞弊與會計錯誤有本質的不同，會計錯誤的當事人並無不良動機和企圖；而會計舞弊的當事人卻是抱著惡意的、不良的企圖，並採用偽裝、塗改、銷毀等違法手段造成不良後果。通常會計舞弊的情況有以下幾種：

▼某個會計人員或幾個會計人員合謀，為達不良目的而進行非法的會計處理。

▼部門負責人指使會計主管人員為個人或部門私利而進行非法的會計處理。
▼單位員工或其他有關人員利用會計內部控制制度不健全而進行非法的會計處理。

那麼，怎麼才能及時發現和防止假帳的出現呢？這裡介紹幾種比較簡便而有效的手段。

☑監控產生假帳的環節

假帳畢竟是假的，細心一點的人只要仔細一琢磨，就不難發現。其實會計人員要想舞弊，一般情況下，會在會計資訊產生的環節上做手腳。容易做手腳的主要環節是：

(1) 填制原始憑證階段。原始憑證是會計資訊產生的最初來源，當企業發生一項業務時，會計人員或相關的記錄人員應該把這項經濟業務的數量、單價、金額等內容逐一反應清楚。但由於原始憑證是最原始的會計資料，因而具有數量多，內容瑣碎，反應金額大小不等的特點，對於一個業績較好的企業，它的原始憑證是數不勝數的。因此，有關人員會在這些繁雜的原始憑證中作弊，混水摸魚。而管理者往往忽略這些種類繁多的原始憑證，這樣更有助於舞弊者行為的得逞。

比如，採購人員購買私人物品的費用記入「原物料」的原始憑證，或者不交付原始憑證，這筆開銷就會「順其自然」進入生產成本，舞弊人員的私費公報的行為便被掩蓋。

⑵交接憑證階段。企業經濟業務發生後，業務人員與會計人員交接憑證，這同樣是一個容易舞弊的環節。例如：舞弊人員會虛增種類或專案，塗改單價，或者在憑證匯總時加計錯誤等，這些情形都會造成舞弊的發生。

⑶填寫計帳憑證環節。在依據原始憑證填寫計帳憑證時，舞弊人員會故意修改摘要，變換科目等，造成舞弊事實。

⑷登帳環節。登帳是根據計帳憑證登記帳簿，舞弊問題會出在舞弊人員對真實帳項篡改、銷毀與藏匿上。

⑸編制報表環節。編制報表是加工產生會計資訊的最後一個環節，會計報表複雜的結構，繁多的資料為舞弊者提供可乘之機。鑑於報表本身的重要性，會計報表舞弊具有極大危害性，它不單是掩蓋了舞弊事實本身，還更加影響了企業經營管理的決策與發展。

☑關注異常情況

明確假帳產生的環節，是從縱向來挖掘查訪舞弊的思路，現在我們指導從橫向思路分析會計舞弊問題，也就是分析會計資訊的若干構成要件：異常資料、異常內容、異常科目。

⑴異常數據。一般來說，企業任一項業務支出都有一個大致範圍，如果公司每月辦公費用大約三萬~五萬元，銷售費用大約八十萬~一百萬元，等等，各項支出一般在這個範圍內上下波動，如果我們發現某一支出本期突然增加，就應引起高度重視。例如：企業的月辦公費用通常在三萬~五萬之間，如果本月的辦公費達八萬元，我們就應該對此資料引起重視，進而查訪相對應的業務來證明其合理性、合規性，若不能證明其合法性，則必有舞弊之嫌。

⑵異常內容。企業在開展業務時，在被許可的經營範圍內會有比較穩定的往來客戶，如公司原物料、商品的供應商、公司產品的購買商等等。正是由於企業經營範圍的限制和客戶的穩定性，會計資訊所反應的內容也是有一定範圍的，當我們發現異常的客戶，異常的地點和異常的業務，我們要對這些異常內容引起重視。因為企業同穩定客戶之間有良好的業務關係，在這些業務中做弊很難，所以這些異常項目常是舞弊的焦點。

⑶異常科目。企業計帳時要遵循科目對應的原則，如「成品」科目對應「生產成本」科目和「產品銷售成本」科目等。如果發現了不對應的會計科目，就應查出這種

錯誤產生原因，分析是人為失誤還是故意舞弊。

☑查證舞弊的一般方法

在討論查弊的一般方法時，我們常常是以縱向思路為依據的，從會計資訊產生的過程我們可以看出其中某些內容不相符的問題，以此為線索或疑點，可追蹤查證會計舞弊的具體形態及其形成或製造過程。

(1)證證核對法。在會計工作中，經常使用的會計憑證有原始憑證和記帳憑證，為了便利工作，不少企業還設置了科目匯總表（憑證）。科目匯總表或匯總記帳憑證、計帳憑證和原始憑證之間存在著密切的聯繫。所以，透過它們之間核對，可以檢查它們在金額、業務內容與所用會計科目、日期、原始憑證所標明的張數方面內容是否相符，從而捕捉會計錯弊的線索。

(2)帳表核對法。在會計處理常式中，我們由各會計帳簿匯總的金額來編制會計報表，因此帳簿與報表之間存在著密切的聯繫。

例如：資產負債表中的大部分數據來自帳戶的期末餘額，利潤表中的大部分數據來自收入、費用帳戶的發生額，透過核對相關帳表的對應關係，我們可以查出帳表不符的情況及原因。

(3)帳實核對法。除了以上幾種與會計處理常式相關的方法，運用帳實核對法查弊在有些情況下是相當有效的。如評價企業資產管理能力，我們可以透過盤點庫存材料、庫存現金的同時核對相關帳簿的辦法來檢查企業庫存管理是否有效，是否存在監守自盜的情況。

☑查證舞弊的具體措施

在會計舞弊問題中，我們可以運用一些具體而簡單的辦法，來檢查會計帳目的各個內容是否存在問題，而這是遵循著會計查弊的橫向思路來考慮問題的。

(1)對錯弊查證。思路和方法是：審閱或有重點抽查一部分會計憑證，看其在數字書寫上是否符合規定，如有不符合規範之處，應對其進一步查證。若是一般性會計錯誤，透過有關當事人（如制定人員）調查詢問便可查證；若是會計弊端，還應透過帳表、證證、帳實等方面的核對，對有關問題進行鑑定、分析來查證問題。如對於在數位前後添加數位進行貪污問題，就需要對所發現的有添加數位的痕跡進行技術鑑定，從而查證問題。

其一，憑證名稱方面。對於此類錯弊，可透過審閱、核對會計憑證，發現疑點，查證問題。如屬會計錯誤，只需透過審閱會計憑證的名稱發現問題；如屬會計弊端，則需在審閱憑證名稱發現疑點後進行名稱與所反應經濟業務內容的分析、比較，進行原始憑證與記帳憑證或原始憑證之間的核對，從而查證問題。

其二，憑證編號問題。如果會計憑證不編號，則會計舞弊的機會可能性會加大，查證這種舞弊實屬不易。如果會計憑證有編號，則查弊的切入點便在於會計憑證編號的連續性，若憑證號碼不連續，則應由此深入調查。

(2)會計帳簿舞弊。

其一，帳簿啟用問題。對於帳簿啟用問題，查證只要審閱被檢查單位每個帳簿中扉頁記錄內容和帳簿中所有帳頁數編寫情況，便可查證問題或發現問題疑點。

其二，帳簿登記問題。對於會計帳簿登記中的錯弊，可按照下列方法查證：

▼查閱會計帳簿的登記內容，檢查其有無按規定登記問題，如登記帳簿時使用的筆墨正確與否，登記帳簿有無跳行、隔頁的情況。

▼檢查制帳人員在帳簿上留下的記帳標誌和相關簽章，明確會計責任，查找遺留問題。

▼核對帳證記錄，檢查帳薄是否根據審核無誤的會計憑證登記的，有無帳證不符問題。

(3)會計報表舞弊。對於會計報表編制的舞弊，我們可按以下幾種方法進行查證。

其一，核對會計報表與會計帳簿中的對應數位，檢查資料真實性。

其二，對利潤表中的各個指標進行複核性計算，以評價其準確性。

其三，審閱報表附註，分析會計報表內容是否完整。

二、防範在會計電腦化系統下出現的各種舞弊

☑電腦化系統下可能出現的舞弊情況

在享受著會計電腦化給企業的財務會計活動帶來高效、方便和快捷的同時，我們還應時時刻刻注意在電腦化系統下可能出現的各種舞弊情況。為了有效地實施良好的內部控制，防止各種舞弊現象的發生，下面我們來介紹在會計電腦化系統下常見的舞弊手法。

(1)篡改輸入資料。這是電腦舞弊中最簡單、最安全、最常用的方法。資料有可能在輸入電腦之前或輸入過程中被篡改。資料要經過採集、記錄、傳遞、編碼、檢查、核對、轉換等環節後進入電腦系統，任何與之有關的人員，或能夠接觸處理過程的人員，都有可能篡改資料。

(2)截尾術。用自動化的方法，從大數量的資訊中取一小部分。如將存款利息四捨五入的部分據為己有等。

(3)超級法。這是一個只在特殊情況下（當電腦出現故障、運轉異常時）使用的電腦系統干預程式。這種程式能越過所有控制，修改或暴露計算內容。這種應用程式一般僅限於系統操作員和電腦系統的維修人員使用，如果被作案人掌握就有可能修改或破壞資料及系統功能。

(4)天窗。開發大型電腦應用系統，操作員一般要插進一些調整手段，即在密碼中加進空隙，以便於日後增加密碼並使之具有中斷輸出能力。這種方法叫開「天窗」。在正常情況下，程式完成時，要取消這些天窗，但常被忽視，可有意留下，以備將來接觸、修改之用。有些不道德的操作員為了以後損害電腦系統，會有意插入天窗。

(5)從電腦中竊取數據。是指從電腦系統或電腦設備中取走數據。作案人員可以將敏感性資料隱藏在沒有問題的輸出報告中，也可採用隱藏資料和沒有問題的資料交替輸出。更複雜的方法是進行資料編碼，使資料表裡不一。例如，在電腦輸出報告上，隱藏的資料透過打字行距的不同長度、每行字元數的多少，標點符號的位置及代碼字的使用，分散開來，組成有用的資料。竊取資料的手段具體有以下幾種：

其一，木馬程式。這是在電腦程式中最常用的一種欺騙破壞方法。在電腦程式中，暗地編進指令，使之執行未經授權的功能，這些指令還可以在被保護或限定的程式範圍內接觸所有供程式使用的檔案。

其二，邏輯炸彈。邏輯炸彈是電腦系統中適時或定期執行的一種程式，它能確定電腦中觸發未經授權的有害事件的發生條件。邏輯炸彈被編入程式後，根據可能發生或引發的具體條件或資料產生破壞行為，一般採用木馬計的方法在電腦系統中置入邏輯炸彈。

其三，拾遺。拾遺是在一項作業執行完畢後，取得遺留在計算系統內或附近的資訊。包括從廢紙簍中搜尋廢棄的電腦清單、附件，及搜尋留在電腦中的資料。

其四，通訊竊取。在網路系統上透過設備從系統通訊線路上直接截取資訊，或接收電腦設備和通訊線路發射出的電磁波信號進行竊取。

(6)乘虛而入。有形的乘虛而入是指在電子或機械控制嚴密的情況下，進入被控制接觸的區域。電子化的乘虛而入發生在電腦連線系統。連線系統中的使用者使用終端時，身分由電腦自動驗證，一般根據密碼准許進入系統。如果某隱藏的終端透過設備與同一線路連接，並在合法使用者沒有使用終端前先行運作，就會有害於電腦系統。

(7)冒名頂替。冒名頂替是指以別人的身分出現。主要透過非法手段獲取他人密碼的做法實施舞弊活動。因此用戶的密碼要注意保密並不斷更新。

(8)仿造與模擬。在個人電腦上仿造其他電腦程式，或對計劃方法進行模擬實驗，以確定成功的可能性，然後實施。這是以電腦作為竊取工具的舞弊行為。

☑防範在會計網路中的違規行為

(1)完善電腦安全與犯罪的法則制度。法則制度與實施是對付電腦犯罪行為的有力措施：一是要建立電腦系統本身安全的保護法律，使電腦安全措施法律化、制度化、規範化；二是建立針對電腦犯罪活動的法律，懲治違法者，保護受害者。

(2)建立健全有效的內部控制系統。使用電腦進行資料處理的單位，都應建立和健全電子資料處理內部控制系統。完善的內部控制系統應具有有效的一般控制和應用控制措施。一般控制的重點是對系統的接觸控制和程式控制，應用控制的重點是輸入控制。

(3)發揮審計的作用。查核防弊是審計的目的之一。審計人員透過電腦系統的事前審計，對內部控制系統的完善性、系統的可審性及系統的合法性做出評價，以保證系統運作後資料處理的真實、準確，防止和減少舞弊行為的發生；透過定期的對電腦內部控制系統的審查與評價，促進企業加強和完善內部控制；透過對電腦系統的事後審計，對系統的處理實施有效的監督。

(4)加強技術性防範。技術性自我保護是發現和預防電腦舞弊的有效措施。設置專門的安全控制程式，如對帳目或重要檔採用讀防寫或編碼時間鎖定，對被保護資料資源的存取操作進行詳細記錄和跟蹤檢測。

(5)提高人員素質。加強職業道德教育，嚴明職責，提高使用電腦系統人員的素質，對預防電腦舞弊事件的發生有積極的作用。會計電腦化的廣泛應用，給企業的財務管理帶來了很大的變化。這也給CFO提出了一個新的要求，你不僅應當具備豐富的理財知識，還必須具備一定的電腦技能。

三、健全資金管理制度，加強財務控管

為了保證公司業務的正常營運，必須有嚴格的財務監督制度，忽略了這一點，就可能因為小小的疏漏導致重大的損失。

霸菱銀行創建於一七九三年，創始人是法蘭西斯・霸菱爵士，由於經營靈活變通、富於創新，霸菱銀行很快就在國際金融領域獲得了巨大的成功。其業務範圍也相當廣泛，無論是到剛果提煉銅礦，從澳大利亞運送羊毛，還是開掘巴拿馬運河，霸菱銀行

都可以為之提供貸款。但霸菱銀行有別於普通的商業銀行，它不開展普通客戶存款業務，故其資金來源比較有限，只能靠自身的力量來謀求生存和發展。

在一八〇三年，剛剛誕生的美國從法國手中購買南部的路易士安納州時，所用資金就出自霸菱銀行。一八八六年，霸菱銀行發行「吉尼士」證券，購買者手持申請表如潮水一樣湧進銀行，後來不得不動用警力來維持，很多人排上幾個小時後，買下少量股票，然後伺機拋出。等到第二天拋出時，股票價格已漲了一倍。二十世紀初，霸菱銀行榮幸地獲得了一個特殊客戶：英國王室。由於霸菱銀行的卓越貢獻，霸菱家族先後獲得了五個世襲的爵位。這可算得上一個世界記錄，從而奠定了霸菱銀行顯赫地位的基礎。

里森於一九八九年七月十日正式到霸菱銀行工作。這之前，他是摩根・史坦利銀行結算部的一名職員。進入霸菱銀行後，他很快爭取到了到印尼分公司工作的機會。由於他富有耐心和毅力，善於邏輯推理，能很快地解決以前未能解決的許多問題，使工作有了起色，因此，他被視為期貨與期權結算方面的專家。倫敦總部對里森在印尼的工作相當滿意，並允諾可以在海外給他安排一個合適的職務。一九九二年，霸菱總部決定派他到新加坡分行成立期貨與期權交易部門，並出任總經理。

無論做什麼交易，錯誤都在所難免，但關鍵是看你怎樣處理這些錯誤，在期貨交易中更是如此。有人會將「買進」手勢誤為「賣出」手勢；有人會在錯誤的價位購進；有人可能不夠謹慎；有人可能本該購買六月份期貨卻買進了三月份的期貨，等等。一旦失誤，就會給銀行造成損失，在出現這些錯誤之後，銀行必須迅速妥善處理。如果錯誤無法挽回，唯一可行的辦法，就是將該錯誤轉入電腦中一個被稱為「錯誤帳戶」的帳戶中，然後向銀行總部報告。

里森於一九九二年在新加坡任期貨交易員時，霸菱銀行原來有一個帳號為「九九九〇五」的「錯誤帳號」，專門處理交易過程中因疏忽所造成的錯誤。這原是一個金融體系運作過程中正常的錯誤帳戶。一九九二年夏天，倫敦總部負責結算工作的哥頓・鮑塞給里森打了一通電話，要求里森另外設立一個「錯誤帳戶」，記錄較小的錯誤，並自行在新加坡處理，以免麻煩倫敦的工作。於是里森馬上找來了負責辦公室結算的利塞爾，向他諮詢是否可以另立一個檔案。很快，利塞爾就在電腦裡鍵入了一些指令，問他需要什麼帳號。在東方文化裡，「八」是一個非常吉利的數字，因此里森以此作為他的吉祥數字，由於必須是五位數，這樣帳號為「八八八八八」的「錯誤帳戶」便誕生了。

幾周之後，倫敦總部又打來了電話，總部配置了新的電腦，要求新加坡分行還是按規矩行事，所有的錯誤記錄仍由「九九九〇五」帳戶直接向倫敦報告。「八八八八八」錯誤帳戶剛剛建立就被擱置不用了，但它卻成為一個真正的「錯誤帳戶」存於電腦之中，而且總部這時已經注意到了新加坡分行出現的錯誤很多，但里森都巧妙地搪塞而過。「八八八八八」這個被人忽略的帳戶，提供了里森日後製造假帳的機會，如果當時取消這一帳戶，則霸菱的歷史可能會重寫了。

一九九二年七月十七日，里森手下一名加入霸菱僅一個星期的交易員金恩犯了一個錯誤：客戶（富士銀行）要求買進二十口日經指數期貨合約時，此交易員誤為賣出二十口，這個錯誤在里森當天晚上進行結算工作時被發現。欲糾正此項錯誤，須買回四十口合約，表示至當日的收盤價計算，其損失為二萬英鎊，並應報告倫敦總公司。但在種種考慮下，里森決定利用錯誤帳戶「八八八八八」，承接了四十口日經指數期貨空頭合約，以掩蓋這個失誤。

另一個與此同出一轍的錯誤是里森的好友及委託經紀人喬治。因為喬治是他最好的朋友，所以里森示意他賣出的一百份九月的期貨全被他買進，價值高達八千萬英鎊，而且好幾份交易的憑證根本沒填寫。

如果喬治的錯誤洩漏出去，里森不得不告別他已很如意的生活。他將喬治出現的幾次錯誤記入「八八八八八帳號」對里森來說是舉手之勞。但至少有三個問題困擾著他：一是如何彌補這些錯誤；二是將錯誤記入「八八八八八」帳號後如何躲過倫敦總部月底的內部審計；三是SIMEX每天都要他們追加保證金，他們會計算出新加坡分行每天賠進多少。「八八八八八」帳戶也可以被顯示在SIMEX大螢幕上。為了彌補手下員工的失誤，里森將自己賺的傭金轉入帳戶，但其前提當然是這些失誤不能太大，所引起的損失金額也不是太大，但喬治造成的錯誤確實太大了。

為了賺回足夠的錢來補償所有損失，里森承擔愈來愈大的風險，他當時從事大量交叉投資，因為當時日經指數穩定，里森從此交易中賺取期權權利金。若運氣不好，日經指數變動劇烈，此交易將使霸菱承受極大損失。里森在一段時間內做得還極順手。到一九九三年七月，他已將「八八八八八」帳戶虧扣的六百萬英鎊轉為略有盈餘，當時他的年薪為五萬英磅，年終獎金則將近十萬英磅。如果里森就此打住，那麼，霸菱的歷史也會改變。

除了為交易遮掩錯誤，另一個嚴重的失誤是為了爭取日經市場上最大的客戶波尼弗伊。在一九九三年下旬，接連幾天，每天市場價格破紀錄地飛漲一千多點，用於結算記錄的電腦故障頻繁，無數筆交易入帳工作都積壓起來。因為系統無法正常工作，交易記錄都靠人力。等到發現各種錯誤時，里森在一天之內的損失便已高達將近一百七十萬美元。在無路可走的情況下，里森決定繼續隱藏這些失誤。

一九九四年，里森對損失的金額已經麻木了，「八八八八八」帳戶的損失，由兩千萬、三千萬英鎊，到七月時已達五千萬英鎊。事實上，里森當時所做的許多交易，是在被市場走勢牽著走，並非出於他對市場的預期如何。他已成為被其風險操縱的傀儡。他當時想，是哪一種方向的市場變動會使他反敗為勝，能補足「八八八八八」帳戶中的虧損，便試著影響市場往那個方向變動。

里森自傳中描述：「我為自己變成這樣一個騙子感到羞愧——開始是比較小的錯誤，但現已整個包圍著我，像是癌細胞一樣……我的母親絕對不是要把我撫養成這個樣子的。」

從制度上看，霸菱最根本的問題在於交易與清算角色的混淆。里森在一九九二年去新加坡後，任職霸菱新加坡期貨交易部兼清算部經理。作為一名交易員，里森本來應有的工作是代霸菱客戶買賣衍生性商品，並代替霸菱從事投資這兩種工作，基本上是沒有太大的風險。因為代客操作，風險由客戶自己承擔，交易員只是賺取傭金，而投資行為亦只賺取市場間的差價。例如里森利用新加坡及大阪市場極短時間內的不同價格，替霸菱賺取利潤。一般銀行對予其交易員持有一定額度風險的許可。但為防止交易員在其所屬銀行暴露在過多的風險中，這種許可額度通常定得相當有限。而透過結算部門每天的結算工作，銀行對其交易員和風險部位的情況也可予以有效瞭解並掌握。但不幸的是，里森卻一人身兼交易與結算二職。

如果里森只負責結算部門，如同他本來被賦予的職責一樣，那麼他便沒有必要、也沒有機會為其他交易員的失誤行為瞞天過海，也就不會造成最後不可收拾的局面。

在損失達到五千萬英鎊時，霸菱銀行總部派人調查里森的帳目。事實上，每天都有一張資產負債表，每天都有明顯的記錄，可看出里森的問題。即使是月底，里森為掩蓋問題所製造的假帳，也極易被發現——如果霸菱真有嚴格的審查制度。里森假造花旗銀行有五千萬英鎊存款，但這五千萬已被挪用來補償「八八八八八」帳戶中的損失了。查了一個月帳，卻沒有人去查花旗銀行的帳目，以致沒有人發現花旗銀行帳戶中並沒有五千萬英鎊的存款。

關於資產負債表，霸菱銀行董事長彼得・霸菱還曾經在一九九四年三月有過一段評語，認為資產負債表沒有什麼用，因為它的組成，在短期間內就可能發生重大的變化，因此，彼得·霸菱說：「若以為揭露更多資產負債表的資料，就能增加對一個集團的瞭解，那真是幼稚無知。」對資產負債表不重視的霸菱董事長付出的代價之高，也實在沒有人想像到吧！

健全的現金內部控制制度是一個企業財務部門最起碼的要求，健全的資金控制制度能防止資金浪費、貪污等現象的發生；其次，健全的現金控制系統才能保證企業會計記錄的可靠性和正確性。因此，企業管理者要對現金收支進行嚴格控管。

☑現金收入過程的舞弊方法及控制

單獨竊取現金是很容易發現的，只要核對一下庫存現金額與現金帳戶餘額就知道。所以現金舞弊相伴而生的是在會計憑證和會計報表中的掩飾作假。

不良職員侵佔公司現金一般會從現金銷售及應收帳款中下手。

(1)防止侵吞現金銷售收入。侵吞現金銷售收入的方法一般是乾脆不予入帳，或是以低於實際銷貨收入的數額入帳。例如賣了八十元，說只賣了六十元。這二十元就入個人荷包了。在一些員工極少且缺乏會計制度的小型企業中，這方面問題較嚴重。這種情況可以採取適當的手段加以控制。

首先，銷售員與出納共同參與每筆交易，銷售員開發票，客戶將發票並隨同貨款交出納人收訖，出納再蓋發票章，這個人工費用在一般情況下是能省的，隨便去商店看一下，就可以知道這種工作流程。

其次，使用收銀機並記錄現金銷貨交易，這也是一種解決方法。但這種方法的漏洞在於客戶不要發票時，收銀員就有機會了，因此應配之以鼓勵顧客索取發票。

(2)從應收帳款回收現金環節存在的舞弊方式主要有：

其一，挪用貨款後，拆東牆補西牆。例如業務員挪用A企業貨款後，將B企業貨款說成延遲收到的A企業貨款，把C企業的貨款說成B企業延遲收到的貨款。等到無「東牆」可補時，業務員往往給企業帶來了極大的損失。

其二，在銷貨時少記銷貨金額，但開具足額的應收款項向客戶收款。

其三，貪污現金，修改銀行現金餘額表。

其四，偷取企業匯票，取款後不入帳。

其五，收到應收帳款不入帳，直接修改應收帳款記錄。

這時的有效控制手段如下：

其一，收款員收到貨款後立即入帳，企業設專人（最好不與收款員同一部門）不定期核對客戶積欠的貨款。

其二，鼓勵客戶使用轉帳或支票付款。

其三，由出納、會計以外的專人拆收寄來的支票、匯票，並編制現金收入清單。

其四，每天的現金收入超過一定金額，當日存入銀行。

其五，不讓現金收帳員同時記錄總帳、應收帳款應收票據等帳戶。

其六，銷貨發票的簽發、記帳，編制現金收入清單、現金的報銷，送存銀行等業務員，儘可能地由不同人員擔任。

☑現金支出薄弱環節的控制

現金支出的薄弱環節主要有：

(1)偽造支票和修改支票金額，這種做法往往是避開了正常的授權和審核程式並偽造印章或偷蓋印章。

(2)盜用支票或現金，然後故意將現金支付日記簿記錄錯誤，造成人為誤差。

(3)違規與供應商勾結，收回扣。

(4)竊取支付給他人的現金或支票，這個常用的方法是偽造應付帳款的客戶名單、單據，或重複使用報銷單據，未領的薪資股利。

應該指出的一點，在現金支出舞弊中，違規多收回扣這種方法是最防不勝防。

控制手段主要有：

(1)指定保管現金及記帳之外的專人定期編制銀行現金餘額表。

(2)支票授權程式應非常嚴格，最好應經兩位以上主管簽章才生效。

(3)儘量以轉帳或支票付款。

(4)單據未經專人核准不得付款。

(5)誤開的支票應立即蓋「作廢章」並嚴格保管，不得隨意丟棄。

第三章

融資決策——資金籌集和借貸

第一節　樹立嚴守信用的形象

資本籌集是資本經營的起點，是實現資本擴張的主要方式。企業要進行資本經營活動，必須從一定的資本市場取得足夠數量的貨幣資本，以滿足經營的需要。

企業籌集資本的管道主要有：

- ▼銀行借貸。
- ▼股票和債券。
- ▼結算中吸收的資金（商業信用）。
- ▼企業資本積累。
- ▼引進資本等。

除了以上幾種主要方式外，還有企業兼併、收購、聯合、租賃、專案融資、補償貿易等等。在這些籌集資本的管道中，由於資本來源管道不同，形成的資本也不同。

如企業留利分配形成自有資本。向銀行借貸的資金稱為借入資本，形成負債。籌集資本是滿足經營需要的保證，是投入的前提。資本投入再生產過程，是資金運動的起點。企業投入資本，經過購買行為，將一部分資本用於購建廠房、倉庫、運輸工具、機器設備等固定資產，其價值形態形成固定資本佔用；將一部分資本用於購買原物料、輔料、燃料、低值易耗品等流動資產，其價值形態形成資本佔用。以後便進入資本運動的運用過程。

一、借錢發展就是「借雞生蛋」

借錢，自然是件有風險的事。於是有一些保守的企業管理者，以為借錢總是壞事，是不得已而為之的下策。這種觀點不全然是對的。應該贊成合理的借錢，至於怎樣才算是合理、適度，才是個大問題。這裡先說說借錢的好處。

借錢是加快企業發展的捷徑。假如企業看中了一個大專案，但等企業獨自把錢存夠，機會可能早就跑了。而且對於一些高額資金投入項目，光靠企業自身的投入也難以想像。試看全球知名的大企業，有幾家不是負債經營。借錢發展就是借雞生蛋。當然關鍵就在於快生蛋，多生蛋。

如果借了雞不但沒生蛋，反而死了，雞蛋沒有了，還得賠隻雞，這就是失敗的「借雞生蛋」。在投資準確的前提之下，「借雞生蛋」能增加收益率，請看下面這個簡單的例子：

A企業自有資本一千萬，項目的年收益率二十%，這樣可得出的資本收益率是一年二十%。B企業自有資本也是一千萬，借入一千萬，項目的收益率也是一年二○%，利息成本（即利息率）一年一○%。這時B企業的收益額是2000×20%－1000×10%＝300（萬元）。企業的資本收益率上升到三○%（300 萬元／1000 萬元的自有資本×100%＝30%），高出A企業（二○%的資本收益率）一○%。

借款利息其實不像表面上那麼高。在考慮企業的所得稅之後，這又是一個借錢的理由。借款的利息其實為什麼沒那麼高?因為在會計處理上利息支出是列入費用之中，可以抵減收入，這樣就造成利潤數的下降，從而減少了稅收支出。仍用上例，假設所得稅稅率是三十三%。

則A企業兩百萬元的收益需徵稅六十六萬元，A企業的資本收益率下降為十三．四%（200—66）／1000×100%＝13.4%）。B企業由於支付的一千萬元列入費用，因此徵稅額是九十九萬元（300×33%＝99）。這時B企業的資本收益率下降為二○

・一%。（300－99）／1000×100%＝20.1%）。其實這是由於利息增加了費用基數，減少的稅收沖減了利息成本。假設利息率是五%，所得稅徵稅率三十三%，則真實借款成本變為五%（1—33%）。即財政部門為企業支付一・六五%的利息。

二、與銀行建立良好關係

當然，有個前提是能還本金付息。銀行肯定不會喜歡只借不還的企業。銀行主要還是靠貸款賺錢。它所吸收的大量存款需要定期支付利息，一是自己投資，一是貸給企業。而且貸給企業是其主要形式。可以說，在某種程度上，貸款給能還款的企業客戶是銀行的衣食父母。因此當企業運轉良好，現金收入穩定的時候不要忘記去借錢，一則能增加企業的收益；二也能增加銀行的收益。

另外，貸款首先是轉化成存款，只要企業不是一次全部使用，銀行又多了一筆存款，又可發放一筆貸款，由於有存款準備金的要求，存款可使再次貸款的數目小了一些，但是銀行肯定很高興增加了一筆營運資金。因此，無論順境逆境都儘量維持與銀行一定的業務往來，這樣有利於塑造良好的關係。

可別在賺錢時不理銀行，這是與銀行做好關係的大忌之一。如果企業只是在周轉困難、情況危機的時刻才求助於銀行，會帶來意想不到的惡果。首先，銀行肯定不會喜歡有這種習慣的客戶；其次，是會誤導銀行認為，當企業來求銀行之時肯定是該企業陷入了危機的思維定勢，這就麻煩了。因為銀行很可能就不大願意在風險較高的時候貸款給企業。因此，無論經營狀況好壞均與銀行有業務往來，對於企業與銀行的關係有重要的作用。這樣，在關鍵時刻就可能會得到銀行的鼎力支援。

從訊息不對稱理論來說，借錢可以是企業經營良好的信號。有些經濟學家認為訊息是不對稱的，也就是企業與銀行之間均是互相不能完全瞭解對方。應該說這是符合實際情況的。

這種理論認為在企業營業狀況良好、利潤豐厚時企業會傾向於借款，這樣只需支付固定利息。而在企業經營不好，或表面看似營運正常，但盈利前景堪憂之時，企業會歡迎有人入股與企業「分擔風險」。換句話說，企業有「獨享利潤，（指支付利息後的利潤）共擔風險」的傾向。也就是說，企業選擇借錢而不是增加股份往往代表著企業發展不錯。所以「借雞生蛋」也就可理解。

三、企業應該把信用當作生命

有些企業往往不注意自己的信用形象。這樣做，從長遠來看，是占小便宜吃大虧。收益再大，往往也不過是節省幾天的利息費用，但卻因此而喪失了商家視若生命的信用。導致將來可能陷入舉步維艱的困境。

⑴信用不好就會使企業在購進原物料、採購時必須用現金支付。因為企業開出的票據沒人願意收，這還會使企業以後指望票據融資變得極為困難。

在日常生活中，例如在百貨公司、超級市場等交易場合一般以現金交易的，即一手交錢，一手交貨。但是，一般在商業往來中，月結方式是普遍行為。這其實也是一種融資方式，是雙方的隱性融資，因此這種方式也要看商業信用。由於商業信用的法律約束力較弱，因此商業票據成為更有法律約束力的信用工具。

由於商業票據作為償付工具在很大意義上還是依賴於買賣雙方的信任關係。因此，商業票據的收付，往往只侷限於彼此之間信任的買賣雙方。喪失信用後，自然被迫只以現金為交易工具了。

⑵信用不好，更重要的是會影響銀行對企業的信心。在銀行貸款無望之時，企業資金周轉難度就會加大，企業的資金就難以運作了。即使銀行還願意放款，也會開出更苛刻的條件。例如貸款利率的提高，原來不需擔保的需要擔保了，不用抵押的需要

抵押了。

(3)信用不好還會嚴重影響企業形象。客戶自然不願意與沒有信用的企業合作，更不用說建立長久的合作關係。人以信而立，企業當然也是如此。

那麼，什麼行為會損傷企業的信用形象呢？

約定好的付款日到期不支付，且換以更遠期的期票。這是企業很容易犯的錯誤，也是易被忽視的錯誤。很多企業在談判付款日期時不願費力策劃周全或盡力說服對方，而是採取「到時再說」的態度，這樣發生以新票換舊票的情況就不足為奇了。正確的方法是實事求是，寧願在說服對方上下點功夫，或在價格上做點讓步，也應負責任地簽發票據。長遠來看，這比信用喪失來得合算。企業如果馬虎大意，胡亂決定付款日期，而使信譽不佳，那就更可惜了。

當然，有時在形勢所迫之下，延長付款期也是一種不得已的可選擇的辦法。以新票換舊票，這種方法方便，成本較低，特別是對於時間短的資金周轉更是如此。為此向銀行借款幾天又還掉，確實也不一定是更好的方法。而且短時間的融通也容易獲得對方的理解，但也應做一些補救措施，也就是盡力讓對方明白自己的暫時為難之處，贏得對方的諒解。

切忌「金口不開」，「我就是這樣做，有什麼好說的」。在挑選延期對象之時，也應首先考慮關係較好，業務往來密切的企業。其次考慮選一家借款額較大的，因為向一家企業解釋比向多家解釋要強，求一家也比求多家要好。

總之，現代經濟是信用經濟。信用也是企業發展的非常可貴的資源。而且信譽易毀難立，對於中小企業來說，信用等級不夠，本來就是一大弱點，所以更應從長遠出發，樹立嚴守信用的形象。

第二節 為公司的經營和發展籌集必須的資金

一、保障公司發展，講求資金籌集的綜合經濟效益

對於大多數企業來說，自己有的資金總是有限的。CFO作為財務的管理者，設法為公司籌集相當的資金，讓公司能長期、持續、有效地運作，是他的主要職責和功能之一。許多成功的企業都表示：進行長期籌資，是企業長遠發展重要保障。

企業持續的生產經營活動，不斷地產生對資金的需求，需要籌措和集中資金；同時，企業因開展對外投資活動和調整資本結構，也需要籌集和融通資金。企業籌集資金，就是企業根據其生產經營、對外投資和調整資本結構的需要，透過籌資管道和資金市場，運用籌資方式，經濟有效地籌措和集中資金。企業進行資金籌集，首先必須瞭解籌資的具體動機，依循籌資的基本要求，把握籌資的管道方式。

(1)企業籌資的動機。企業籌資的基本目的，是為了自身的維持與發展。企業具體的籌資活動通常受特定動機的驅使。企業籌資的具體動機是多種多樣的。例如，為了購置設備、引進新技術、進行技術和產品開發而籌資；為了對外投資、兼併其他企業而籌資；為了資金周轉和臨時需要而籌資；為了償付債務和調整資本結構而籌資，等等。在實踐中，這些籌資動機有時是單一的，有時是結合的，但歸納起來主要有三類，即擴張動機、償債動機和混合動機。籌資動機對籌資行為和結果產生著直接的影響。

其一，擴張籌資動機。擴張籌資動機是企業因擴大生產經營規模或追加對外投資的需要而產生的籌資動機。具有良好發展前景、處於成長時期的企業通常會產生這種籌資動機。例如，企業生產經營的產品供不應求，需要增加市場供應；開發生產適合通路的新產品；追加有利的對外投資規模；開拓有發展前途的對外投資領域，等等，往往都需要籌集資金。

擴張籌資動機所產生的直接結果，是企業資產總額和籌資總額的增加。

其二，償債籌資動機。償債籌資動機是企業為了償還某債務而形成的借款動機，即借新債還舊債。償債籌資有兩種情形，一是調整性償債籌資，即企業雖有足夠的能力支付到期舊債，但為了調整原有的資本結構，仍然舉債，從而使資本結構更加合理；

二是惡化性償債籌資，即企業現有的支付能力已不足以償付到期舊債，而被迫舉債還債，這表示企業的財務狀況已有惡化。

其三，混合籌資動機。企業因同時需要長期資金和現金而形成的籌資動機，即為混合籌資動機。透過混合籌資，企業既擴大資產規模，又償還部分舊債，即在這種籌資中混合了擴張籌資和償債籌資兩種動機。

(2)企業籌資的要求。企業籌集資金的基本要求，是要分析評價影響籌資的各種因素，講求資金籌集的綜合經濟效益。具體要求簡述如下。

第一，合理確定資金需求量，努力提高籌資效果。無論透過什麼管道、採用什麼方式籌集資金，都應預先確定資金的需求量。籌集資金固然要廣開財路，但必須有一個合理的界限，使資金的籌集量與需要量達到平衡，防止籌資不足而影響生產經營或籌資過剩而降低籌資效益。

第二，周密研究投資方向，提高投資效果。投資是決定是否要籌資和籌資多少的重要因素之一。投資收益與資金成本相權衡，決定著是否要籌資，而投資數量則決定著籌資的數量。因此，必須確定有利的資金投資方向，才能決定是否籌資和籌資多少，要避免不顧投資的效果的盲目籌資。

第三，認真選擇籌資來源，力求降低資金成本。企業籌集資金可以採用的管道和方式多種多樣，不同籌資管道和方式的籌資難易程度、資金成本和財務風險各不一樣。因此，要綜合評估各種籌資管道和籌資方式，研究各種資金來源的構成，求得最優化的籌資組合，以便降低綜合的資金成本。

第四，適時取得資金來源，保證資金投資需要。籌措資金要按照資金的投資使用時間來合理安排，使籌資與運用資金在時間上相銜接，避免取得資金過早而造成投資前的閒置或取得資金滯後而貽誤投資的有利時機。

第五，合理安排資本結構，保持適當的償債能力。企業的資本結構一般是由自有資本和借入資本構成的。負債的多少要與自有資本和償債能力的要求相適應。既要防止負債過多，導致財務風險過大，償債能力過低，又要有效地利用負債經營，提高自有資本的收益標準。

第六，遵守國家有關法規，維護各方合法權益。企業的籌資活動，影響著社會資金的流向和流量，涉及到有關各方的經濟權益。為此，必須遵守國家有關法律法規，實行公開、公平、公正的原則，履行約定的責任，維護有關各方的合法權益。

二、資金籌集是CFO的基本職能

作為財務經理環境的一個重要部分，經濟的金融部門是由金融市場、金融機構和金融工具組成的。

金融市場涉及金融資產和金融負債的產生和轉移。財務經理利用這些市場為其公司的經營和發展籌集必須資金，並且運用經營中暫時閒置的資金。資金由儲蓄盈餘單位提供到儲蓄赤字單位使用。資金的移動可以直接在儲蓄盈餘單位和儲蓄赤字單位間進行，或者透過像銀行這樣的金融仲介來進行。金融仲介機構吸收金融負債是為了創造金融資產，並且一般經由其專家配置這些資產和負債後常常獲利。金融仲介機構的運作和金融市場，一般帶來比實物資源更有效率的配置。

貨幣市場涉及期限不到一年的金融資產和金融負債，而資本市場涉及期限較長的轉讓。由於大多數企業是儲蓄赤字單位，因此財務經理關心金融市場、金融仲介和金融工具的選擇，以最適合企業的融資需要。同時財務經理也關心怎樣運用好短期閒置資金的決策。

股票和債券的最初銷售叫做初級市場。隨後就在二級市場，有組織的交易所進行交易。場外交易市場，即第三市場是經紀人交易市場。在第三市場，經紀人或商人在全國作為市場決定者行事。有時大宗股票直接在單位投資者中間進行交易，從而形成了第四市場。

除現金買賣股票或債券外，保證金交易涉及到借款。保證金要求不時變化，賣空是一種賣出現在不佔用的證券的做法，預期以後可以有機會以較低的價格再買進它們。（這就是說，如果證券價格下跌，賣空者受益）。賣空和保證金交易使市場趨為活躍，並且有利於在價格波動較小的條件下提高買賣證券的能力。

企業主要使用兩種融資形式：透過股票的權益融資和各種形式的債務融資。存在許多可供選擇的債務工具。它們期限不同，條件不同以及借款者（債務發行者）無能力償還債務時的風險程度也不同。融資管道的範圍正日益國際化。

三、籌集創業資金，奠定發展基礎

萬事起頭難。賺第一個一萬很難，第二個一萬就容易多了。企業在創業時需要本錢，也就是需要創業資金。CFO怎樣才能設法籌集到創業資金呢？

(1)籌措股本。最重要的、最可靠的是企業資金就是所籌措求得的股本，也就是沒有還款期限的資金。創業時，企業最夢寐以求的是股本金。如果所創立的是股份有限公司，就可以發行股票，向股東籌集資金。向股東籌集來的錢在企業存在的期間是不用還本付息的，所以是最安全的，最穩定的資金。股份有限公司一般情況下是不退股的，但股東轉讓股份一般是允許的。在一些特殊情況下，公司也有減少股本的情況。但不到非常時期（如遇到重大虧損），不要減少股份。因為公司減少股份，給客戶、給供應商、給銀行的感覺就是：「這個公司快不行了」。公司減資是萬不得已的下下之策。它唯一的好處就是以股本沖銷虧損，使虧損額看起來不會那麼大。

當然，在創業之前，有人肯入股，就肯定是一件很幸運的事。可能企業經營者有極好的口才，能說服對企業沒信心的人，讓其對企業充滿信心；也可能是業主有特殊的優勢，例如人際關係良好，辦事方便，一般不會碰到一些麻煩。不過，即便如此，有些企業業主也只肯接受親戚朋友的入股，而不願擴大募股對象。這種情況就是企業成立之時，因為某種特殊原因（例如，產品銷路毫無問題），業主以為企業盈利豐厚，且很穩定。這時他甚至會認為讓誰入股是給誰好處，給誰面子。在這種情況下，企業是不會向外人募股的。

公司在成立之後，在經營過程中往往也會需要增加股本，這就是所謂的增資擴股。

但是，若企業在增資擴股之前發生虧損，或業績很不理想，無法分發紅利。在這種情況下，大部分股東肯定是不願意增加投資的。如果想由增資擴股得到新的股本，一定要盡力提高企業的業績才行。良好的業績會使企業在增資擴股時少碰到阻力，在盈利非常豐厚之時，甚至股東自己會非常希望追加投資。

(2)利用借款進行資金周轉。借款進行資金周轉是一個簡捷的籌集資金的方式。從手續上來說，從時間方面考慮，借款的確是比籌集股金方便多了。

當然，無論如何，借到錢是一件愉快的事情，但還錢就不太令人愉快，還錢肯定是一種令人苦惱的事。資金充裕好辦些，在資金不足以還款的情況下，苦惱就大了。不過即使有還錢的苦惱，即使企業情況不佳，甚至生存都有危險，能借到錢也比借不到錢要強，因為借到錢後，手頭就有資金供周轉。公司有機會「翻本」，有機會改善經營管理，有機會走出困境。在困境之中借不到錢的話，很可能就只有死路一條了。

應該看到這樣一個規律，窮人是借不到多少錢的。富人往往負債多，取於負債。企業的道理也一樣，自有資本越多的企業，越能借到錢，所以公司規模往往遠遠大於自有資本。這樣，企業在很大程度上依賴於借新還舊來維持周轉。一旦借入款因某種原因停止時，企業很快就會陷入資金周轉不靈的困境。

(3)把前期資產變成資金。應該說從嚴格意義上來說，創業資金只能來自股本和借款，因為在創業時，企業是一無所有的。這裡說的是處於「嬰兒期」的企業獲取資金周轉本錢的特殊方法。

企業獲得創業資金後，就可以用資金來購置資產。此時企業創業不久，屬於「企業嬰兒期」，很容易碰上資金不足。在這種情況下企業當然可以想辦法再籌集股金和借款，不過由於有了一些資產，因此這時企業多了一個道路可供選擇。這就是減少企業前期由資金變成的資產，把它們變成資金，以此來增加資金。

一般來說，企業的資產劃分為流動資產和固定資產兩類。企業的流動資產包括庫存現金、銀行存款、短期投資、應收票據、應收帳款、預付帳款、其他應收款、存貨等。而企業的固定資產則包括廠房、機器設備等等。

如果在此缺少周轉資金的關頭，有商品能出售，並能收回現金的話，那當然能增加企業的周轉資金。若剛好收回應收帳款，兌現應收票據的話，資金也能增加，那企業就太幸運了。不過如果在這個時候，沒有這些項目可供轉化為現金的話，募集股金和向外借款之路又走不通的話，那企業只好將閒置的機器設備或廠房出售出租均能帶來資金的流入。同樣道理，在這時候，果斷減少進貨的數量，減少應付帳款、應付票據也能節約資金，把本來用於這些項目的資金用於更急缺的項目之中。

但是在商品銷售時，若以票據的形式取代應收帳款的話，並不會立即帶來資金的流入。當然，企業可以用它貼現換取資金。

四、小型公司籌資技巧

小型公司的長期籌資決策與大型公司有明顯不同。這是由於小型公司的目標主要是由公司管理者所決定的，而不是公司投資者決定的；另一方面，小型公司面臨的貨幣市場和資本市場不同。對於不同類型的小型公司來說，其籌資策略也不同。

(1)傳統的小型公司。傳統的小型公司是指在整個經營週期中都是小型的公司。這類小型公司具有三個基本特徵：一是以地區性為市場；二是資本要求很低；三是技術較為簡單。

傳統的小型公司即使是經營成功，也不能在共同資本市場中籌集資金。如果公司擁有不動產，傳統小型公司可以從銀行或金融機構取得抵押貸款。在小型公司經營一定時期之後，銀行籌集資金可以作為公司季節籌資的主要來源，但不能作為永久資本的資金來源。

傳統小型公司不能出售債券和股票。公司的權益資本由公司所有者——管理者提供。公司外在長期資本由銀行的貸款提供。公司的短期資本，即營運資本由商業信用提供。

(2)新型小型公司。新型小型公司主要致力於發展新產品或以新的方式提供傳統服務，因而有很大的發展潛力。新型小型公司的發展要經歷四個經營週期。

第一階段：組建時期。這是公司創建時期，公司主要致力於自身的組建和鞏固。

第二階段：迅速增長時期。經過組建時期，一個成功的公司會進入第二個經營週期。這時，公司迅速地發展，並賺取可觀的利潤。公司的現金流動和營運資本管理成為公司財務管理的重要組成部分。同時在這一階段，公司需要大量的資本，公司資本短缺會減少公司增長的機會，這就需要公司制定完善的籌資計劃。然而，在此階段，公司擴充權益資本是相當困難的，因為公司還沒有公開持股，公司的權益資本主要由公司所有者提供。

第三階段：過渡時期。小型公司能夠進入第三階段，表示公司經營已經相當成功了。這時，公司公開持股就變得可行了，這就為公司提供了更為廣泛的貨幣市場和資本市場。

第四階段：成熟階段。由於每種產品都有一個生命週期。如果公司產品不更新換代，公司的增長就會停止，從而使公司發展停頓下來。在第四階段，公司應該考慮股票的重新購置、合併以及其他長期策略性問題。公司做出這類決策的最恰當時間是公司仍然有很大的活力、價格—盈利比率最高的時期，換言之，當公司完成了發展階段時，就應該做出這類決策。

(3)公開持股。小型公司增長的第二階段，公司將面對隨擴大權益資本的巨大壓力，公司所有者希望將公司由私人擁有變成公開持股公司，以擴大外在權益資本的來源。公開持股是小型公司發展過程中的關鍵環節，它對小型公司有四個方面影響：

其一，使公司從過去的非正式的個人控制轉變為正式的社會控制。

其二，公司財務資訊決策須按照投資者的需要及時地向社會提供，即使公司的發起人繼續擁有對公司的多數控制權也應該這樣。

其三，如果公司有效地擴展經營業務，公司管理的範圍將變得更加廣泛。

最後，公開持股公司都要組成董事會，以便制定周全的公司發展計劃和政策。董事會必須包括所有者和利益團體的代表，以便幫助公司管理當局履行更廣泛的責任。

在公司公開持股時，一個很重要的問題是確定股票向投資者的出售價格。在分析這一問題時，我們必須注意到大型公司和小型公司之間資本成本的區別：

首先，對小型的、私人擁有的公司而言，準確地評估公司權益資本成本是很難的。

其次，由於存在著各種風險特別是不行使管理職能的股東的代理風險，小型企業的投資報酬率一般是很高的。

最後，對小型公司而言，有價證券，特別是新股票的發行成本是很高的，這使得小型公司一旦耗盡留存收益之後，資本邊際成本曲線上升。由於在股票市場上對股票的需求是不斷變化的，所以公開持股決策的時間選擇非常重要。

第三節 追求企業快速成長時一定要保持財務穩健

企業只有不斷成長才有生命力，但是在快速成長的過程中，必須保證財務穩健，千萬不能過度負債。

一、查明過度負債的原因

從許多高成長企業反應出的問題來看，過度負債可說是一個典型的通病，也是財務危機的根源。它們的高負債是怎樣累積起來的呢？

(1)策略需求效應。由於企業的策略佈局驅動，表現為現有業務的發展，或表現為新業務的開拓，規模和數量的擴張經常明顯快於內涵品質的擴張，在高成長階段都將出現某種程度的資金短缺。因此，高成長企業為達到快速擴張的目的，普遍採取負債經營策略。

(2)組織放大效應。由許多企業在快速擴張中傾向於採取企業集團或控股公司模式。但這類模式債務放大效應也十分明顯：一方面母、子公司都會從各自立場出發追求數量擴張；另一方面，子公司除保留原有業務聯繫和資金融通管道外，還可能獲得母公司再分配的業務或資金。這一業務和融資放大效應很容易使企業負債過度，最終形成財務危機。

(3)財務不透明與內部互相擔保。由財務不透明、各自為政和內部相關企業間的相互貸款擔保是高成長企業常見的問題。這不僅加大了銀行對企業財務判斷的難度，也給財務監管帶來很大困難，從而造成整體負債率不斷抬高。

(4)債務、資產的結構性運用錯誤。由最常見的就是短債長用，短籌長貸。企業將短債用於投資回收期是短債期限若干倍的長期項目投資，導致流動負債大大高於流動資產。

金融機構基於高成長企業的前景，往往也採取短籌長貸方式，支持企業作長期投資，從而加大了企業的資金風險，一旦銀行日後緊縮銀根，企業將會進退兩難。

其他常見結構性錯誤還包括負債到期過分集中的結構與現金流量錯位，長、短期負債結構比例失調，貸款的銀行結構單一，資產和負債幣種結構不合理等。

以上幾方面是環環相扣的。高成長策略造成資金短缺，企業就不可避免地要負債經營。組織放大效應和內部擔保則加劇債務數字，造成負債過度。在過度負債的情況下，企業經營成本和財務壓力加大，支付能力日漸脆弱，短債長用則可能使企業潛在支付危機隨時爆發。

二、警惕財務危機

財務危機的主要現象和原因有以下三種：

(1)經營持續虧損。由企業擴張過度，容易因經營管理不善或策略性失誤引起虧損。如果企業只是短期虧損，只要虧損額少於折舊，未必導致債務償還困難。但如果持續虧損，將造成企業淨資產數量和品質不斷下降，大大削弱企業的經營能力和償債能力，進而導致企業不能到期償還債務。

如果虧損嚴重到資金抵不了債的地步，也就是狹義上所指的財務失敗，將意味著企業償債能力的喪失，最終很可能走上倒閉、破產的不歸路。

(2)短期無法支付。出現這種情況，企業並非經營不善，也不一定與經營虧損相關，只是由於資金周轉不靈、現金流量分佈與債務到期結構分佈不均衡等原因暫時不能償還到期債務。

一九九六年進入全球五百強之列的香港百富勤公司，一九九八年初卻因為缺乏足夠現金無法償還幾千萬美元的債務而被迫破產，十年輝煌毀於一旦。

(3)突發性風險事件。在市道活絡的時候，高成長企業或許可以憑其資產規模和營業收入的大幅增長，給市場以太平盛世的感覺。

一旦國內外政治、經濟環境突然變化，重大政策調整，各種自然災害或其他突發性風險事件發生，企業就可能因為業務萎縮、資產縮水或重大財產損失而陷入困境。

亞洲金融危機中，一些企業採取股票抵押貸款，結果由於股票市場低迷、股票價格大幅下降，使抵押品價值嚴重縮水而陷入財務危機。

儘管這些風險事件對企業來說屬於不可控制因素，但防範經營、財務風險本身就是企業經營的應有之義。同樣經歷了亞洲金融危機，一些企業破產、倒閉，而另一些財務穩健的企業仍穩健發展，經營能力突顯高低。

三、在財務穩健的前提下保持成長

百富勤等大企業的破產說明，企業如果不顧自身條件透過負債經營盲目拓展，就容易聚集過多盈利能力差的資產或業務，規模再大也難逃被淘汰的命運。對企業來說，只有在財務穩健的前提下取得的成長性才是合理的。

(1)優化財務結構。財務結構優化是企業財務穩健的關鍵，其具體標誌是綜合資金成本低，財務杠杆效益高，財務風險適度。企業應當根據經營環境的變化，不斷透過存量調整和變數調整（增量或減量）的手段確保財務結構的動態優化。

企業財務結構管理的重點是對資本、負債、資產和投資等進行結構性調整，使其保持合理的比例：

其一，優化資本結構。企業應在權益資本和債務資本之間確定一個合適的比例結構，使負債標準始終保持在一個合理的標準上，不能超過自身的承受能力。

負債經營的臨界點是全部資金的稅前利潤等於負債利息。在達到臨界點之前，提高負債將使股東獲得更多的財務杠杆利益。一旦超過臨界點，加大負債比率會成為財務危機的前兆。

其二，優化負債結構。負債結構性管理的重點是負債的到期結構。由於預期現金流量很難與債務的到期及數量保持協調一致，這就要求企業在允許現金流量波動的前提下，確定負債到期結構應保持安全邊際。

企業也應對長、短期負債的盈利能力與風險進行權衡，以確定既使風險最低、又能使企業盈利能力最大化的長、短期負債比例。

此外，企業還應密切關注各地經濟、金融形勢和匯率的變化情況，調整貸款的銀行結構和幣種結構，儘可能避免過分集中向某一國家或區域的金融機構融資或以單一貨幣進行借貸或業務結算，以預防和降低借貸和匯率風險。

其三，優化資產結構。資產結構的優化主要是確定一個既能維持企業正常生產經營，又能在減少或不增加風險的前提下給企業帶來儘可能多利潤的流動資金標準，其核心指標是反應流動資產與流動負債間差額的「淨營運資本」。

其四，優化投資結構。主要是從提高投資回報的角度，對企業投資情況進行分類比較，確定合理的比重和格局，包括長期投資和短期投資、固定資產投資、無形資產投資（如研究開發、企業品牌等）和流動資產投資、直接投資（專案）和間接（證券）投資、產業投資和風險投資等。

(2)掌握現金流量。企業最基本的目標是股東財富或企業總價值最大化。它透過獲利標準和利潤指標反應出來，而這一切都是建立在現金流量這一企業生命線上的。

不少企業陷入經營困境甚至破產，並非因為資產無法抵債，而是由於暫時的支付困難。因此，利潤或是企業總價值最大化不能停留在帳面盈利上，而要以價值的可實現性和變現能力作為前提。

企業應把利潤和現金放在同等重要的位置，加速資金回流和周轉，提高資產變現能力，加強對應收帳款的管理和催收能力，儘量減少呆、壞帳。

企業應根據現有業務未來產生現金流量的情況追求相應的成長速度，同時要手持一定量的現金以滿足正常營運和應付突發事件的需要，並提高資金管理水準，確保資金的流動性和安全性。

(3)建立財務監控制度。公司的規模擴張應與財務控制制度建設保持同步發展，否則造成財務失控。企業應建立有效的財務監控制度，加強對公司債務、資產、投資回收、現金回流和資產增值等方面的財務管理與監督，嚴格擔保和信用狀開證額度管理，減少或有負債。

企業尤其要重視預算管理，應著眼於未來現金流量情況，透過預算管理對投資總量、負債標準、資產狀況進行控制，並對未來重大專案的投資及大筆債務的還本付息等做出統籌安排。

財務預算在監督支出的同時應更多地服務於公司策略管理的需要，為使預算更接近於連續進行的計劃過程，公司可在年度預算基礎上，採取能不斷調整的滾動式預算或全面動態預算制度，以反應出公司不斷變化的策略意圖。

此外，企業還應當建立財務預警體系。一旦財務拉警報，企業就可以及時施行必要的方法，及時化解財務危機。

第四節 注意負債結構，合理控制債務程度

一、權衡長、短期負債優缺點

資金結構一般是指長期資金中權益資金與負債資金的比例關係。負債結構是指企業負債中各種負債數量比例關係，尤其是短期負債資金的比例。當企業資金總額、負債與權益的比例關係一定時，短期負債和長期負債的比例就成為此消彼長的關係，所以很有必要權衡長、短期負債優缺點。

資金成本一般而言，長期負債的成本比短期負債的成本高。這是因為：

(1)長期負債的利息率要高於短期負債的利息率。

(2)長期負債缺少彈性。企業取得長期負債後，在債務期間內，即使沒有資金需求，也不易提前歸還，只好繼續支付利息。

財務風險而論短期負債的財務風險往往比長期負債的財務風險高，這是因為：

(1)短期負債到期日近，容易出現不能按時償還本金的風險。

(2)短期負債在利息成本方面也有較大的不確定性。利用短期負債籌集資金，必須不斷更新債務，此次借款到期以後，下次借款的利息為多少是不確定的，因為金融市場上短期負債的利息率很不穩定。

相對來說，短期負債的取得比較容易、迅速，長期負債的取得卻比較難。因為債權人在提供長期資金時，往往承擔較大的財務風險，一般都要對借款的企業進行詳細的信用評估，有時還要求以一定的資產做抵押。

二、考慮多種因素，掌握流動負債和長期負債的數額

在企業負債總額一定的情況下，如何把握流動負債和長期負債的數額呢？需要考慮如下因素：

(1)銷售狀況。如果企業銷售穩定增長，則能提供穩定的現金流量，用於償還到期債務。反之，如果企業銷售處於萎縮狀態或者波動的幅度比較大，大量借入短期債務就要承擔較大風險。因此，銷售穩定增長的企業，可以較多地利用短期負債，而銷售

大幅度波動的企業，應少利用短期負債。

⑵資產結構對負債結構會產生重要影響。一般而言，長期資產比重較大的企業應少利用短期負債，多利用長期負債或發行股票籌資；反之，流動資產所占比重較大的企業，則可更多地利用流動負債來籌集資金。

⑶各行業的經營特點不同，企業負債結構存在較大差異。利用流動負債籌集的資金主要用於存貨和應付帳款，這兩項流動資產的佔用主要取決於企業所處的行業。

⑷經營規模對企業負債結構有重要影響。在金融市場較發達的國家，大企業的流動負債較少，小企業的流動負債較多。大企業因其規模大、信譽好，可以採用發行債券的方式，在金融市場上以較低的成本籌集長期資金，因而，利用流動負債較少。

⑸利率狀況。當長期負債的利率和短期負債的利率相差較少時，企業一般較多地利用長期負債，較少使用流動負債；反之，當長期負債的利率遠遠高於短期負債利率時，則會使企業較多地利用流動負債，以便降低資金成本。

三、規避傳統分析方法的缺陷，確定負債結構

負債結構分析的基本假設在研究負債結構時，為了順利地進行分析，可作如下假

設：

▼利用短期負債可以降低資金成本，提高企業報酬。

▼利用短期負債會增加企業風險。

▼企業資金總額一定，負債與權益的比例已經確定。

▼企業的營業現金流量可以準確預測。

上述假設中的前兩項假設說明在財務風險得到控制的情況下，應儘量利用短期負債。第三項假設排除了負債結構與資金總量、負債與權益結構同時變動的可能性，有利於簡化分析過程。第四項假設說明的是現金流量的可預測性，因為企業的短期負債最終要透過營業現金流量來償還，如果現金流量無法預測，我們便無法確定負債的結構。

在財務管理中，一般都是透過一定的資產與流動負債的對比來分析短期償債能力和流動負債標準是否合理。例如，透過流動資產與流動負債進行比對計算流動比率，並根據這項比率來分析企業短期償債能力以及流動負債的標準是否合理。採用上述指標來分析企業短期償債能力，有一定的合理性，但這種分析思路存在兩個問題：

(1)這是一種靜態的分析方法，沒有把企業經營中產生的現金流量考慮進去。

(2)這是一種被動的分析方法，當企業無力償債時會被迫出售流動資產還債，這種資產的出售會影響企業的正常經營。

為了規避傳統分析方法的缺陷，在確定企業的負債結構時，要充分考慮現金流量的作用。企業的短期負債最終由企業經營中產生的現金流量來償還，以現金流量為基礎來確定企業的流動負債標準是合理的。

在確定企業負債結構時，只要使企業在一個年度內需要歸還的負債小於或等於該期間企業的營業淨現金流量，即使在該年度內企業發生籌資困難，也能用營業產生的現金流量來歸還到期債務，即有足夠的償債能力。這種以企業營業淨現金流量為基礎來保證企業短期償債能力的方法，是從動態上保證企業的短期償債能力，比以流動資產等從靜態上來保證更客觀、更可信。

由於流動資產變現能力較強，在實際確定負債結構時，還可以將流動資產與現金流量結合起來使用。這樣，確定負債結構便有如下三種計算基礎：

一是以流動資產為基礎；

二是以營業淨現金流量為計算基礎；

三是將流動資產和營業淨現金流量結合起來作為計算基礎。當把二者結合在一起時，又可細分為如下幾種方法：

(1)最低限額法。在採用此種方法時，流動負債不能低於流動資產和營業淨現金流量中較低者。

(2)最高限額法。在採用此種方法時，流動負債不能超過流動資產和營業淨現金流量中的較高者。

(3)加權平均法。在採用此法時，流動負債不能超過流動資產和營業淨現金流量的加權平均法數（權數可根據具體情況確定）。

各種確定負債結構的方法都有優缺點，在實際工作中要結合企業具體情況合理選用。此外，除了進行定量分析外，還要結合企業的行業特點、經營規模、利率狀況等各種因素來合理確定。

第四章

積極回籠資金，提高收益率

第一節 定時、計量確認營業收入

收入是指會計期間內經濟利益的增加，其表現形式為資產增加或負債減少而引起的所有者權益增加，但不包括所有者出資或接受捐贈等業務引起的所有者權益增加。

收入主要包括營業收入、投資收益和營業外收入。營業收入是指企業在從事銷售商品或提供勞務等經營業務過程中取得的收入，也稱為狹義收入；投資收益是指企業在從事各項對外投資活動中取得的收益（各項投資業務取得的收入大於其成本的差額）；營業外收入是指企業在經營業務以外取得的收入。

上述三項收入中，投資收益和營業外收入直接表現為利潤的增加，而營業收入則要與營業費用配比以後才能計算利潤（或虧損）。

一、營業收入的範圍與一般標準

營業收入是指企業在從事銷售商品或提供勞務等經營業務過程中取得的收入，分為基本業務收入和其他業務收入兩部份。基本業務收入是指企業進行經常性業務取得的收入，是利潤形成的主要來源。不同行業基本業務收入的表現形式有所不同。工業企業的基本業務收入是指銷售生產成品和半成品以及提供代制、代修品等工業性勞務取得的收入，稱為產品銷售收入；商品流通企業的基本業務收入是銷售商品取得的收入，稱為商品銷售收入。其他業務收入是指企業在生產經營過程中取得的除基本業務收入以外的各項收入，如轉讓無形資產的收入和資產出租的收入等。

確認營業收入應考慮兩個問題：一是定時，二是計量。定時即確定營業收入確定的時間，計量就是確定營業收入的確定的金額。

確認營業收入，一般應具備以下三個條件：產生營業收入的交易已經完成；伴隨營業收入而來的新增資產已經取得或原有債務已經消失；營業收入可以計量。上述三個條件同時成立，稱為營業收入的實現。現分別說明如下：

(1)產生營業收入的交易已經完成。是指企業為取得營業收入應提供的商品或勞務已經提供，合約規定的責任已經履行，預計不會發生大量的售後成本，即營業收入的賺取過程已經實質完成。如果企業將商品提供給客戶後，還有大量的安裝工程，會發生大量的售後成本，則不應確認營業收入的實現。

(2)伴隨營業收入而來的新增資產已經取得或原有債務已經消失。確認營業收入實現的必要條件，就是在銷售商品、提供勞務以後，要取得新增資產。取得新增資產一般是指取得貨幣資金或索取貨幣資金的權利。

如果企業在銷售商品、提供勞務之前已經預先收取了貨幣資金或以銷售的商品、提供的勞務抵償原有債務，則表現為債務的減少，從而使淨資產增加。如果企業在發出商品時既未取得貨幣資金又未取得索取貨幣資金的權利，如委託某企業代銷商品，則不能確認營業收入的實現。

(3)營業收入可以計量。是指伴隨營業收入而應獲取的資產能夠可靠地加以計量。營業收入的計量問題，實際上也就是取得的資產如何計價的問題。

一般來說，取得的資產可以根據購銷合約中規定的價格和成交量確定。但是，如果在營業收入賺取的過程中存在現金折扣等不確定因素，則在營業收入的計量中應予以考慮（採用總價法或淨價法）。

在特殊情況下，如果不同時具備上述三個條件，但符合購銷合約中明確規定的營業收入實現的條件，也可以確認營業收入的實現，如稀有貴金屬的採掘以及生產週期較長的產品生產等營業收入確認。

二、營業收入確認的具體時間表

明確了營業收入確認的一般標準以後，還要根據具體情況明確營業收入確認的具體時間表。營業收入確認的時間表一般分為發出商品前、發出商品時和發出商品後。

(1)發出商品以前確認營業收入。在企業的生產週期較長或生產具有某些特殊性的情況下，可以在發出商品以前確認營業收入。具體的時間表為：

長期建築工程以及飛機製造等產品，應在其生產過程中，根據購銷合約規定的日期和方法分期確認營業收入。在這種情況下，由於企業的生產週期較長，一般超過一年，為了使企業有足夠的資金進行生產周轉，並按會計年度反應經營業績，購銷合約中應規定貨款結算的時間和價款計算方法。貨款結算時間一般可以按季度或年度確定；價款計算方法一般為完工百分比法，即根據價款總額和完工程度分期確認營業收入。

貴重金屬生產企業以及某些農產品生產企業，應在產品生產過程結束時，根據生產數量和購銷合約規定的價格，立即確認營業收入。在這些企業中，產品由國家收購，價格基本固定，銷售管道不存在問題，產銷的間隔期很短，因而可以在產品生產出來以後，立即確認營業收入。

(2)發出商品時確認營業收入。一般來說，企業在發出商品時，具備了前述三個必要條件，可以確認營業收入。但是在不同的貨款結算方式下，確認營業收入的具體時間有所不同。不同結算方式下的具體時間表為：

採用現金、支票、郵局匯票、銀行本票、商業本票、電匯等結算方式銷售商品，只要發票帳單和提貨單已經交給買方，收取了價款或取得了索取價款的權利，不論商品是否發出，均應作代保管的商品，因為其所有權已經轉移。在發出商品之前預收的貨款，不應確認為營業收入，而應作為負債入帳。

採用託收承付和委託收款等結算方式銷售商品，應在商品已經發出，並將發票帳單和提貨單送交銀行辦妥託收手續後，確認營業收入。在這種情況下，雖未收到貨款，但已經取得了索取貨款的權利，因而應將未收到的貨款作為應收帳款入帳。

(3)發出商品以後確認營業收入。如果企業在發出商品時，尚未取得索取貨款的權利或收款期限較長，可以在發出商品以後確認營業收入。具體的時間表為：

採用委託代銷方式銷售商品，在收到銷售單位轉來的商品代銷清單時，確認營業收入。在收到銷售清單之前，商品雖然存放在代銷單位，但所有權尚未轉移，仍屬於企業的存貨。

企業經有關部門批准允許採用分期收款結算方式銷售商品時，應在合約規定的收款日期，確認營業收入。在合約規定的收款日期，不論是否收到貨款，均應確認營業收入，因為在這種情況下，即使未收到貨款，也取得了索取貨款的權利。在合約規定的收款日期之前，商品雖已交付給買方，但所有權尚未轉移，仍屬於企業的存貨。

第二節

及時收回帳款，回籠資金

一、重視應收帳款管理，降低持有應收帳款的成本

☑加強對應收帳款的管理是十分必要的

我們目前所處的時代，是一個信用發達的時代，也是一個信用很容易破產的時代。經營者懂得靈活運用信用以取代貨幣交易，這便刺激了社會生產、銷售和消費的發展，在極短的時間內，提高了整個社會的經濟發展標準，加速了經濟繁榮。對每個經營者而言，憑藉信用來降低生產和進貨成本，創造了驚人的業績。信用對企業而言，就成為利潤的同義詞。

然而，信用的發展也不可避免地帶來了三角債、債務危機等問題，呆帳隨時可能侵蝕老本的時代已悄然來臨。

面對如此的現實環境，企業經營者變得患得患失，多賣怕收不回貨款，有限制地賒銷，雖能減少呆帳，可又擔心會失去市場。既要確保經營成果，又要避免蒙受呆帳損失，就成為每個企業不容逃避的重要課題。這就要求企業的做好一個重要工作——對應收帳款的管理。目的是預防呆帳，減少壞帳，保全企業經營成果而又不對企業的銷售產生重大不良影響。

應收帳款是指企業因銷售產品、材料、提供勞務等業務，應向購貨單位收取的款項。應收帳款之所以能夠存在主要是因為市場競爭等因素，企業不得不部份或全部以信用形式進行業務往來。企業之間信用程度的高低，決定了應收帳款金額的多寡。

信用，是各種企業中經濟組織以承諾事後付款為條件來獲得產品、服務甚至現金的能力。信用也是一種交換媒介，因為事後付款的承諾並非都靠得住，並且企業持有應收帳款也有一定的成本，如何利用好這一媒介，減少應收款項，加速資金的回籠，就成了應收帳款管理的重要內容。

在產品品質沒有其他異議的情況下，對應收帳款由財務部門負擔，應制定合理的信用政策，掌握應收款項的動態資訊，採取必要的收款措施等。

☑企業持有應收帳款需要付出的代價

適當地放寬信用政策，並持有一些應收帳款，雖然在一定程度上可以促進企業銷售規模的擴大，但是，這種持有也會發生一定的代價，或者說發生一定的持有成本。一般而言，持有應收帳款將會發生的成本主要有以下三類：

(1)管理成本。企業持有應收帳款必然會發生管理成本。這種管理成本是指從應收帳款發生到收回期間的所有與應收帳款管理系統運作有關的費用。應收帳款的管理成本主要包括：制定信用政策的費用，對客戶信用狀況調查的費用以及資訊收集的費用，應收帳款記錄與監管的費用，應收帳款正常收回的費用，應收帳款催收的費用，其他與應收帳款有關的費用，等等。

不過，從根本上來說，這種成本是半固定半變動的，維持一定的應收帳款管理系統總要發生一定的費用。在應收帳款低於一定規模時，管理成本是基本固定的，但是，當應收帳款規模達到一定程度之後，應收帳款的管理成本將會跳躍到一個新的程度，然後再維持其固定的狀態。

(2)機會成本。企業持有應收帳款必然要發生相應的機會成本。企業一旦發生應收帳款，也就意味著有一筆資金被其他企業無償佔用，企業也就喪失了投資於其他項目賺取收益的機會，於是便產生了機會成本。應收帳款的機會成本並不是實際發生的成本，而主要是作為一種觀念上的成本來看待，因此，應收帳款的機會成本可以有多種衡量的方式。比如，可以採用有價證券的投資收益率，可以採用企業平均資金成本率，可以採用預期報酬率，也可以採用最近的某種投資項目的收益率。

(3)呆帳損失。企業持有應收帳款還會發生因欠款無法收回而導致的呆帳損失，而且，與以上兩種成本相比較而言，這種成本有可能是最大的一種應收帳款持有成本。在現代社會的經濟運作中，企業必須充分考慮到應收帳款的呆帳損失。就呆帳損失的性質來看，它屬於變動成本類，企業的應收帳款規模越大，呆帳損失的數額也就有可能越大，反之則會較小。

不過，與上述成本不同的是，呆帳損失的發生規模具有彈性，應收帳款管理標準較高，呆帳損失的比例將會很小直至接近於零。但是，如果事前事後的管理較差的話，呆帳損失將有可能比例和數額非常大。現代企業應收帳款管理的一項重要任務就是努力降低企業的呆帳損失。

☑做好應收帳款的管理

持有應收帳款體現出兩面性，首先，應收帳款的多少直接決定了銷售收入的規模，較高的應收帳款總是與較高的銷售收入相對應；其次，應收帳款的多少又決定著持有成本的高低，較高的應收帳款則會導致較高的持有成本。

此外，應收帳款還與流動性相聯繫，應收帳款管理的目的就是要在這些有利與不利因素之間予以權衡，進而採取科學有效的措施，保證一定的流動性，並最終使企業的效益和價值得到最大程度的提高，實際上也就是追求最好的流動性和效益性。

首先，應收帳款作為流動資產的一個組成部份，對其管理上必須強調流動性的目標。應收帳款雖然具有強於存貨的流動性，但畢竟不能直接用於對外支付行為；因此，應收帳款的管理中應該加強流動性管理，促使應收帳款能夠儘快收回，實現現金的及時和足額轉換。

其次，應收帳款的管理必須講求效益性。按照效益性的要求，應收帳款要保持在一定合理的規模上，以便能實現較高的銷售收入，又不至於發生太高的持有成本，而且收帳發生之後該及時催收以免形成呆帳損失。

做好應收帳款的管理，具體應注意以下問題：

(1)根據企業的實際情況和客觀經濟環境，制定科學的信用政策，依此指導企業的信用銷售應收帳款的管理。

(2)控制應收帳款的發生規模，使應收帳款總額保持最佳標準，控制應收帳款的具體發生物件，確保應收帳款的及時足額收回。

(3)注重應收帳款的日常監督與分析，以便隨時掌握應收帳款的基本情況，便於做出有關的決策。

(4)採取一系列的措施，加強應收帳款收回的管理；對於確實無法收回的應收帳款，建立一定的呆帳提列制度。

(5)在重點做好應收帳款管理的同時，對於企業有可能發生的其他應收款項也實施有效的管理。

二、儘量現款現貨，降低賒銷風險

☑瞭解賒銷的原因

賒銷就是把貨先給經銷商銷售，而貨款卻並沒有同步結算清楚。更為嚴重的是寄銷，即許諾經銷商銷完後再付款。可以說，賒（寄）銷開始那一刻就為日後收款埋下了禍根，然而，很多銷售人員對此尚缺乏清醒的認識。那麼，賒銷的原因到底何在？

(1)銷售經理人急於銷貨。為了儘快啟動市場，經理人大都會下達搶佔銷售據點的命令，有的甚至規定在某一階段銷貨率必須達到百分之幾。這種急於求成的心態最終會使銷貨率產生誤差、打上折扣，因為經理人往往情不自禁地為賒銷開了大門。

(2)銷售人員迫於銷售任務的壓力。絕大多數公司確定了銷售人員每月必須完成的銷售任務，有的還劃分為基本、爭取和衝刺任務三個等級，每個等級規定了不同的完成比例。銷售人員不僅為自己的利益而戰，而且也是為榮譽而戰，而多尋找一個商家經銷，就為銷售目標的實現多增加了一線希望，哪怕賒銷會帶來回收貨款的風險也只好豁出去了。

(3)當事人心太軟。有些銷售人員也深知賒銷的麻煩，起初尚能堅持現款現貨的交易原則，但經不起客戶的軟磨硬纏，最後放棄了自己的信念。同樣，銷售經理人面對銷售人員的說情請求，為了不打擊部屬的工作積極性，也往往網開一面放行通過。

☑認識賒銷的危害

「賒銷」栽種時倒也輕鬆，但日後結出的果實卻十有八九嚐起來很苦。

(1)經銷商以欠款相要脅，強迫你和他進行不平等的交易，讓你欲罷不能。

(2)銷售款難於如數按時兌現。

鮑伯是某食品公司的銷售代表，好不容易找了一家經銷商。對方答應盡力幫其開拓市場，只是有個條件：新產品銷路如何，心中尚無把握，故先做試銷。鮑伯很想做出點業績，就默認了，哪裡想到這次賒銷會讓他付出得不償失的代價。鮑伯為了討回這筆貨款，跑了六、七次，說破了嘴，結果還是被這位經銷商狠心地扣了廣告費用、推廣費用。鮑伯不僅沒有完成任務，反挨了上司的批評。

(3)經銷商倒債走人。市場競爭日趨激烈，很多經銷商本身實力並不雄厚，加上經營管理不善，經常發生入不敷出的現象。有的本已打算轉手，卻仍然虛張聲勢，騙取廠家的商品。他們甚至把應付的貨款拿去炒股票，等銷售人員發現並追尋貨款時，那邊已是人去樓空，或是已改換門庭，讓你滿肚子苦水無處吐。

(4)銷售人員攜款潛逃。有時由於公司對賒欠貨款的回收缺乏嚴密的控制措施，少數心術不正的銷售人員把收回的欠款（用現金結算）不即時繳回財務部，用於自己的個人消費；或當公司的分配政策等觸動了某些銷售人員的利益，他們就帶著收來的欠款不辭而別。

☑儘量避免賒銷

賒銷的苦果是不太好嚐的。因此面對回收款的難題，最好的辦法，就是堅定不移地奉行現款現貨的原則。但光有堅持原則的決心是不夠的，還必須為有效地付諸實施創造條件。

(1)盡力啟動消費者市場。消費者是花錢購物的源頭。綜合運用廣告、新聞、公關、活動行銷、終端促銷等各種行銷傳播媒體，讓目標消費者對產品及品牌產生好感，直到偏愛，並培養消費者的品牌忠誠。讓越來越多的消費者指名購買，讓自己所推廣的品牌成為暢銷的強勢品牌。這是解決貨款回收問題的根本之法，也是掌握市場主動權的前提。不要奢望經銷商幫你打天下，一定要靠自己把市場做起來。

(2)給經銷商的利益放在明處。其實經銷商並不在乎賒銷還是現款現貨本身，他們關心的是隱藏在這背後的利益。至少在以下三種情況下，經銷商會樂意接受現款現貨交易方式：

你的產品好銷。銷得快，資金周轉就快，利潤自然就多。

你的廣告支援力度大。策略正確且力度較大的廣告充當開路先鋒，預示著產品即將暢銷。有眼光的經銷商自然會看到它的誘人前景。你的價格或非價格折讓較高（與競爭對手相比）。有膽識的經銷商為了獲取超額利潤，就願意去承擔現款投資風險。

所以說，與其讓經銷商透過賒銷去圖小利益，不如把利益擺出來讓經銷商去賺取「陽光下的利潤」，而廠家也可事前控制現款現貨的利益讓度，不必為日後的討帳而煩心。

☑降低賒銷的風險

然而，實際操作中要做到百分之百的現款現貨仍然很難。有時貨物的出手與貨款的回收不同步，實在是身不由己。也就是說，在堅持現款現貨原則的前提下，還得講究交易的靈活性。問題的關鍵就轉到在靈活運用現款現貨原則時，如何把賒欠風險降到最低限度。

(1)實施客戶資格調查，確定客戶的信用限度，超過限度時就不再銷售給對方，貨款的回收就不至於拖延太久，倒債的損失也可控制在一個限度。特別是要經常性地檢查客戶的變化，透過蛛絲馬跡的變化，及時察覺客戶的異動。如延遲約定的付款期限、進貨額突然減少、銷售情形突然惡化等。搜集到這些資訊後，就要及時採取有效措施，防止客戶出現破產或倒債。

(2)建立客戶管理卡。透過各種管道詳細掌握客戶的個性、興趣、為人、優點、缺點、經歷及家庭情況，以確定對方是否可以信任，並構思出駕馭的策略。

(3)銷售人員銷售前的防禦措施。有些銷售人員急於開拓客戶，往往採取比較寬鬆的策略來促成經銷商的進貨，卻給自己留下後患。要有效控制貨款的回收，銷售要注意如下四點：

第一，辨別經銷商是否靠得住。

第二，清楚表明付款條件，如付款期限、付款方式。

第三，一諾千金，答應經銷商的事一定要辦到，超過自己能力所不及的事不要輕易承諾，否則，經銷商將不信任你。

第四，轉變強制性推銷為顧問式推銷，站在對方角度把利益說出來，讓對方自己去做決定。

(4)建立完善的回收款制度保障。在銷售管理中，要制定切實有效的回收款制度。對銷售人員，為了加強其回收款的動力和壓力，如可規定每月回收款率必須達到九十五%，最長欠款期不能超過三十天……業績考核、晉級評優都應把貨款回收作為重要指標；對分公司經理人也應有相應連帶責任和獎勵；對經銷商，要讓他們出具有法律效力的欠款憑據；對財務部，應負有督促和追蹤責任等。

智者千慮，必有一失。儘管我們小心謹慎地對待每次賒銷業務，還是免不了催帳的煩惱。有些經銷商可能善於以假象來博得你的信任；有些經銷商資金周轉並不困難，也要讓你焦急地等待一番。因此，銷售人員在關鍵時刻就必須使出自己的催帳絕招。

☑減少和防範呆帳的發生

對於已經發生的應收帳款，應進一步強化日常管理工作，採取有力的措施進行分析、控制，及時發現問題，提前採取對策。這些措施主要包括應收帳款追蹤分析、應收帳款帳齡分析、應收帳款收現率分析和應收帳款呆帳提列制度。

(1)應收帳款追蹤分析。應收帳款一旦為客戶所欠，賒銷企業就必須考慮如何按期足額收回的問題。要達到這一目的，賒銷企業就有必要在收帳之前，對該項應收帳款的運作過程進行追蹤分析。

當然，賒銷企業不可能也沒有必要對全部的應收帳款都實施追蹤分析。在通常情況下，賒銷企業主要應以那些金額大或信用品質較差的客戶的欠款作為考察的重點。如果有必要並且可能的話，賒銷企業亦可對客戶（賒購者）的信用品質與償債能力進行延伸性調查和分析。

(2)應收帳款帳齡分析。即應收帳款帳齡結構分析。所謂應收帳款的帳齡結構，是指各帳齡應收帳款餘額占應收帳款總計餘額的比重。

企業已發生的應收帳款時間長短不一，有的尚未超過信用期，有的則已逾期拖欠。一般來說，逾期拖欠時間越長，帳款催收的難度越大，成為呆帳的可能性也就越高。

因此，進行帳齡分析，密切注意應收帳款的回收情況，是提高應收帳款收回效率的重要環節。

因此，對不同拖欠時間的帳款及不同信用品質的客戶，企業應採取不同的收帳方法，制定出切實可行的不同收帳政策和收帳方案；對可能發生的呆帳損失，需提前做出準備，充分估計這一因素對企業損益的影響。對尚未過期的應收帳款，也不能放鬆管理、監督，以防發生新的帳款拖欠。

(3)應收帳款收現率分析。應收帳款收現保證率是為適應企業現金收支比率關係的需要，所確定出有效收現的帳款應占全部應收帳款的百分比，是二者應當保持的最低比例。

應收帳款收現保證率指標反應了企業既定期間預期現金支付數量扣除各種可靠、穩定來源後的差額，必須透過應收帳款項有效收現予以彌補的最低保證程度，其意義在於：應收帳款未來是否可能發生呆帳損失對企業並非最為重要，最為關鍵的是實際收現的帳項能否滿足同期必須的現金支付要求，特別是滿足具有強制性約束的納稅債務及償付不得延期或調換的到期債券的需要。

(4)應收帳款呆帳提列制度。無論企業採取怎樣嚴格的信用政策，只要存在著商業信用行為，呆帳損失的發生總是不可避免的。一般說來，確定呆帳損失的標準主要有兩項：

其一，因債務人破產或死亡，以其破產財產或遺產清償後，仍不能收回的應收款項。

其二，債務人逾期未履行償債義務，且有明顯特徵顯示無法收回企業的應收帳款，只要符合上述任何一個條件，均可作為呆帳損失處理。

既然應收帳款的呆帳損失無法避免，因此，遵循謹慎性原則，對呆帳損失的可能性預先進行估計，並建立彌補呆帳損失的準備制度，即提列呆帳準備就顯得極為必要。

三、準確評估客戶的資格程度和信用等級

☑評價客戶的資格程度

評價客戶資格程度的常用方法被稱為「五C」評價法。

(1)信用品質（Character）。信用品質是指客戶履約或賴帳的可能性，這是決定是否給予客戶信用的首要因素。這主要透過瞭解客戶以往的付款履約記錄進行評價。

(2)償債能力（Capacity）。客戶償債能力的高低，取決於客戶的資產特別是流動資

產的數量、品質（變現能力）及其與流動負債的比率關係。一般而言，企業流動資產的數量越多，流動比率越大，表示其清償債務的能力越可靠，反之，則償債能力越差。當然，對客戶償債能力的判斷，還需要注意對其資產品質，即變現能力以及負債的流動性進行分析。資產的變現能力越大，企業的償債能力就越強；相反，負債的流動性越大，企業的償債能力也就越小。

(3)資本（Capital）。資本反應了客戶的經濟實力與財務狀況的優劣，是客戶償還債務的最終保證。

(4)抵押品（Collateral）。即客戶提供的可作為資格保證的資產。能夠作為信用擔保的抵押財產，必須為客戶實際所有，並且應具有較高的市場性，即變現能力。對於不知底細的信用狀況有爭議的客戶，只要能夠提供足夠的高品質抵押財產（最好經過投保），就可以向它們提供相應的商業信用。

(5)經濟狀況（Conditions）。是指不利經濟環境對客戶償債能力的影響及客戶是否具有較強的應變能力。

在確定信用標準時，除認真評價客戶資格程度外，還應考慮同行業競爭對手的情況，如果競爭對手實力很強，企業為了佔有和保持市場佔有率就不得不制定較寬鬆的信用標準。另外，企業自身承擔風險的能力也是一個考慮因素，若企業承受違約風險能力較強，那就採用較寬鬆的信用標準來吸引客戶，佔有市場比率。

☑設定客戶的信用等級

根據對客戶信用資料的調查分析，確定評價信用優劣的數量標準，以一組具有代表性，能夠說明付款能力和財務狀況的若干比率（如流動比率、速動比率、應收帳款周轉率、存貨周轉率、產權比率或資產負債率、賒購付款履約情況等）作為信用風險指標，根據數年中最壞年景的情況，分別找出信用好和信用壞兩類顧客的上述比率的平均值，依此作為比較其他顧客的信用標準。

☑利用客戶公佈的財務報表資料，測算擔付風險係數

其方法是：若某客戶的某項指標值等於或低於壞的信用標準則該客戶的拒付風險係數（即呆帳損失率）增加十%；若客戶的某指標介於好與壞信用標準之間，則該客戶的拒付風險係數增加五%；當客戶的某一指標值等於或高於好的信用指標時，則視該客戶的這一指標無拒付風險，最後，將客戶的各項指標的拒付風險係數累加，即作為該客戶發生呆帳損失的總比率。

☑風險順序，並確定各有關客戶的信用等級

依據上述風險係數的分析資料，按照客戶累計風險係數由小到大進行排序。然後，結合企業承受違約風險的能力及市場競爭的需要，具體劃分客戶的信用等級，如拒付風險係數在五%以內的為級客戶，在五%～十%的為級客戶等等。對於不同信用等級的客戶，分別採取不同的信用對策，包括拒絕或接受客戶訂單，以及給予不同的信用優惠條件或附加某些限制條款等。

四、催促欠款的客戶迅速付款

☑學會使用適當的籌碼

使用籌碼是一切商務談判的祕密武器。它能促使欠款的客戶迅速付款。在任何時候、任何地方和賴帳的商家打交道都是件麻煩的事情，特別是與個人做買賣。如果你賣給某人一台電視機或者多種日用品，他拒絕付款，你就只有收回這些東西。

如果為個人提供商業性服務，你就不能這樣做了。一旦你為他們提供了服務，他們又賴帳，你就絕對收不回來這些服務費了。

當然，收錢首先是為了資金流動和企業生存，即不斷的資金收入和支出，維持企業的生存，促使企業不斷發展壯大。

如果你在商場中，僅僅知道去收錢，那麼你還只是不夠成熟的商人。最重要的是，你必須學會怎樣收錢——學習成功的經驗，使用談判籌碼，才能達到你的商業目的。下面的幾條經驗頗值得借鑑。

(1)使用談判籌碼，宜早不宜遲。人們使用籌碼的最大錯誤是坐等觀望，最後錯過了時機。

顧客賴帳，經常會留下一些不良紀錄。你不要忽略這些紀錄。如果你從其他供應商那裡得知有位顧客經常拖欠貨款，千萬不要自欺欺人地認為他在你這裡會輕易改變這種陋習。

如果客戶有不良的信用行為，你就要毫不遲疑地儘快收錢。如果客戶想急於重塑自己的信譽，那麼滿足你的要求，付清你的帳款是達到目的的唯一途徑。

(2)你使用的籌碼必須是自己的籌碼。幾乎一切交易業，都存在著一定的籌碼，但這個籌碼不一定屬你所有。這時，你就不能使用這一籌碼。因為它不屬於你們——當然不能利用別人的籌碼來收你們的欠款。

(3)讓人尷尬也是一種籌碼。有時一個最簡單的威脅——你要向公眾宣佈一位客戶的賴帳，比一切法律通知書還有效。幾年前，一位經理參加了一家軟體公司的電腦專案開發工作。專案組由一家知名大學的三名教授負責，他們同時兼有教授和企業家兩種身分。

這位經理最關心的是他的報酬問題。他查不到這家公司的信譽紀錄，也查不到它的年收入狀況。他瞭解的情況只是他們和知名大學的關係密切。當然他們善於利用這種關係。

然而，這位經理只得到了約定報酬的三分之一。他積極和他們合作，提高了產品的技術和品質。他還為那所大學的學生作了三場演講。

可惜的是，這個電腦項目組不付給這位經理的其餘報酬。一直聽他們說了幾個月的各種藉口，最後，這位經理只得利用他唯一的籌碼。他給那所大學校長寫信說明了情況——因為三位教授與那所知名大學的特殊關係，他才和他們合作，並且無償為那所大學舉行了三場演講。他覺得自己被利用了。

寄信前，他把信交給三位教授看。他說，如果他們能夠利用大學的名字作為對付他的籌碼，他同樣能夠這樣做。

第二天，這位經理就收到了一張包含其餘全部報酬的支票。

☑辨別欠款藉口，從客戶手裡討回現金

欠債人的藉口編造得越好，他們就越能夠拖延簽出支票付款的時間。你必須保持警惕，在催款之前預先做好對付各種藉口的準備。美國企業家總結了十一項欠款人常用的藉口和應對方法，頗值得借鑑：

(1)「因為電腦故障，我們無法立即開支票。」

當欠債人說他們的電腦失靈時，就應當能夠準確地說出何時將有人來修理。如果給出的答案是模棱兩可的時間，你很可能遇到了一個藉口。

如果你證實欠債人的電腦真的出了問題，就應該提前考慮電腦修好後，你再次打電話去催款時可能會聽到什麼藉口，與欠債人通話時怎樣及時地對付這些藉口。儘量把應付款的發票提前傳真給對方，以便幾天後你再次打電話時發票的傳真件能夠放在他的面前。

(2)「我從未見過這項產品（或者服務）的帳單。」

幸好有現代技術的幫助，這個藉口已經日益顯得過時了，因為只需要撥個電話的時間，就能把醒目的發票傳真給欠款的客戶。發出傳真後，打個電話確認對方已經收到，再要求他閱讀傳真件的所有內容，以避免他的下一個藉口：傳真件的封面是清晰的，但是其他頁面卻很模糊。

(3)「我們只能根據發票的正本付款，傳真的不行。」

在九十五%的場合，你都可以認為這是個藉口。儘管確實有些公司只根據發票的正本付款，但至少這個藉口在法庭上是站不住腳的。即使這只是個藉口，但是為了應迅速地解決問題，你不必挑戰對方公司的制度——提問他們為什麼不能根據副本付款。相反，你應該給欠債公司送去發票的另一份正本，可以透過掛號郵件、快遞或者直接派出一位職員等安全的方法送交。你還需要向對方說明的是，希望他一旦收到原件就立即付款，並且要約定是派人取回支票還是對方送來。

(4)「支票已經在郵寄途中。」

首先要弄清楚欠債人發出支票的確切時間，以及是否寄往正確的地址。其次，要瞭解支票是怎樣寄出的。在支票寄出四天後，你仍未收到，則應要求對方查詢這張支票下落，或重新簽發另一張支票。

(5)「我們遇到了嚴重的現金周轉問題。」

你必須找出該公司出現現金周轉問題的確切原因，它的商業運作是否具有週期性？如果是這樣，現金周轉問題是否意味著公司將在一年的部份時間裡關閉、生意轉好時再開門營業？業務具有週期性特點的企業，往往不得不未雨綢繆、做出嚴謹的財務安排，以便即使在業務量下降的時期也能維持正常營運。

這類公司可能沒有足夠的資金全部付清欠你的款項，但他們肯定能償還部份欠款。你可以制定一個還款計劃，同對方約定何時能夠付清餘額，償還每一筆欠款又在什麼時候。

(6)「我們下個月將會有一筆現金進帳，屆時就可以償付你的全部款項。」

不要相信這個藉口。這些欠債人要求你安心等待一個月，到那時候他們再來處理這件事。如果你同意了，只不過是多給他們一個月時間編造另一個藉口，解釋為什麼仍不能付清帳款。

(7)「我們對發票有爭議。」

沒有哪一家公司從不出錯，如果你的客戶是對的，應當立即更正發票，並附上一份道歉書送給客戶。然而，如果你只是在打電話催款的時候，收到了這種抱怨，欠債人很可能是利用發票來拖延時間。這是因為，如果欠債人真正想按時付款，那麼這個抱怨就是合理的，而且他很可能主動打電話表示收到了發票，並且提醒你注意發票中的錯誤。

(8)「我們對這項產品（或者服務）有爭議。」這個藉口類似於「我們對發票有爭議」。事實是如果產品或者服務真有問題，欠債人應該早已聯繫過你的同事，提出他的不滿。

遇到這種答覆，你可以向客戶提問他抱怨的是什麼，他從什麼時候開始對產品或者服務感到不滿意，他是否向公司的哪位同事表示不滿。如果他記不清楚，就進一步詢問細節問題。如果對方回答不出任何問題，你應當據理力爭，收回欠款。

(9)「我們仍在等候批准。」

客戶的公司越小，這越可能是一個藉口，但也越容易迅速解決。弄清楚需要誰批准這份帳單、為什麼仍未批准，是否此人正在渡假。如果此人在渡假，那麼是何時離開的？如果是昨天剛剛離開，而你的帳單已經拖了兩個月，就需要瞭解他離開之前為什麼沒有批准付帳，到底是什麼造成了拖欠，是否發票有問題，有沒有其他人能夠批准償付這份帳單。如果不問清楚這些問題，你今後每次打電話催款，都可能遇到相同的藉口。

(10)「我們公司在九十天內付清。」

這個藉口通常出自大公司。這些公司一般都是能夠付款的好顧客，只不過是按照他們自己的時間表等條件來支付。除非你從事的業務非常特殊，而且沒有競爭對手，否則你不得不按照他們的系統工作，以維持來自他們的訂單。打電話給對方的付款人或者主管，確切地瞭解處理你的支票前需要哪些資訊，最後把那家公司的付款政策從頭到尾全部記錄下來，研究採取相應的對策。

⑾「在付款之前，我們需要簽收證明。」

有不少公司要求必須在收到貨物的簽收證明以後，才能付清帳款。如果這是對方公司的政策，則在打催款電話之前，你有責任為對方送去簽收證明。

如果經常聽到這種抱怨，你就應當慎重考慮改變你的公司政策了。把你的簽收證明全都準備成一式三份，在貨物運出時保證三份全都簽上了字。一份簽收證明送交客戶（用於領貨），另一份直接送到你自己手邊保存（用於留底），第三份附在對帳單與發票中送給客戶（用於儘快付款）。

第三節

積極經營資產管理，儘量節省開支

一、選擇適當的時機和途徑，實現投資順利退出

☑投資退出是為了爭取主動

對企業來說，投資總是做「加法」容易，做「減法」難。企業透過投資、再投資壯大規模後，往往面臨著如何退出已有投資的問題。不少企業正是由於沒能在投資的進入與退出之間取得較好的平衡，因而在市場競爭中陷入被動。

握緊拳頭是為了更有力的出擊。投資項目只有做到有進有退，才能回籠資金或騰出資源抓住新的投資機會，順利進入下一輪投資計劃，實現投資的良性循環和增值，進而優化投資結構，控制投資總量。

投資退出有利於確保企業現金流量的平衡，改善企業財務狀況。一方面，以高溢

價退出投資項目，可為企業帶來可觀的特殊收益和現金流量；另一方面，退出經營不善及負債高的項目或業務，可讓企業有效重組債務。

投資退出作為一種收縮策略，也是企業優化資源配置的重要手段。如企業可透過投資退出來調整沉澱、閒置、利用率降低的存量資產，從而完善和調整現有的經營結構，提高資產組合品質和運用效率，達到優化資源配置的目的。

企業透過減持或降低在投資專案的股權比例，可以引入專業或策略投資者共同經營投資項目，不僅有利於項目公司形成多元產權模式，健全專案公司治理結構，而且為公司重新設計科學、合理的股權結構提供了可能。

企業還可以藉助投資退出來進行策略調整，集中資源專注發展核心業務和主導產業，提高核心能力。

☑投資退出策略的重點應該是主動退出

綜觀企業退出投資的各種情況，大致可分為自然退出、被動退出和主動退出三大類。企業研究投資退出策略的重點，應是主動退出。它是指在投資專案公司存續的情況下，企業基於退出條件、項目盈利能力、策略調整等種種考慮退出所投項目。

就退出條件而言，企業沒有不可退出的投資，只有不能滿足的要件。企業應當密切配合市場條件和時機的變化，從價值最優化角度出發，以較高溢價退出優質或正常經營項目，實現投資增值，創造特殊收益。

專案盈利能力可能是企業考慮是否投資退出最直接的因素。除了那些經營不正常或連年出現虧損且轉虧無望的投資專案要積極部署退出外，企業還應對目前雖能維持經營、但專案轉利能力較差的項目主動考慮退出。

此時，企業有必要根據投資專案的資金來源及經營地域預先設定盈利標準。可供參考的盈利指標主要有：項目論證階段預期的投資回收率、企業整體在近幾年的平均淨資產報酬率、國內外長期債券利率、國內外銀行貸款利率、加權盈利指標等。

從策略調整角度看，企業選擇主動退出投資主要包括以下情形：投資專案與企業發展目標、產業導向或核心業務不相符；企業難以取得投資專案的管理控制權和發展主導權；企業內部因資產整合、重組，需要退出相應投資；企業根據目標負債及自身現金流量情況對投資總量進行控制，當投資總量超出上限，或負債率超過目標標準，或財務、現金流量出現困難時，主動退出有關投資；投資項目公司因合併、分立、併購及引入新的合作夥伴等事項使資本規模、股權結構或合作條件發生重大於已不利的變化；投資項目公司因違反有關法律、行政法規造成短期內無法消除的重大影響。

總之，企業應建立和健全對投資項目的監控機制，動態掌握投資專案的進展及經營情況，對投資專案定期進行分析，慎重部署投資退出。

☑「轉、售、併」是退出最為理想的途徑

投資退出其實也是一種資產經營活動，因此需要藉助資本經營手段來完成。一般說來，企業退出投資往往是在產權的流動中實現的，主要手段不外乎透過轉、售、併、停、關，其中以轉、售、併最為理想。從資產經營角度看，投資退出主要有以下途徑：

(1)公開上市。這是投資退出的最佳途徑，具有成本低、高增值的特點。企業應當充份利用證券市場的價值發現功能，推動投資項目公司到海內外證券市場直接或間接上市。

(2)整體出售。和公開上市相比，出售可以立即收回現金或可流通證券，既可以立即從項目公司中完全退出，也可較快取得現金或可流通證券的利潤分配。就效應角度而言，整體出售具備收購方對一般兼併收購所要求達到的效果，但整體出售可能存在市盈率偏低的情況，難以取得較高溢價。

(3)改制、重組後退出。將專案公司改制、重組成股份合作制企業、股份公司直至上市公司，透過資產或股權轉讓、出售退出投資。如協定轉讓給投資專案公司其他股

東；協議轉讓或定向配售給策略投資者；透過技術產權交易所進行轉讓等。

(4)物色收購投資專案的對象。直接或透過專業性的經紀、仲介機構物色對投資項目感興趣的公司收購、兼併項目公司，實現投資套現。收購、兼併的物件可以是整個投資專案，也可以是部份股權或資產。

(5)股份回購。當投資項目為上市公司時，則可透過將股票賣回給專案公司而回收全部或部份所投資金。如果是普通股，企業可和項目公司簽訂股票賣回的賣方期權，直接將股票賣回給項目公司；如果是優先股，則需透過制定強制贖回條款進行。

(6)託管和融資。租賃投託管經營是指託管經營公司與企業所有者經過協商，透過契約方式，以保全並增值受託資產為前提，對受託企業進行有償經營。託管將企業經營者從企業要素中分離出來，成為新的獨立利益主體，其實是一種間接退出投資方式。

(7)企業內部合併、轉讓。這一方式在控股公司或企業集團中運用得十分普遍。企業內部透過協議轉讓或劃分，對同類業務及投資項目進行專業歸併；企業內有上市公司的，可將非上市的業務注入上市公司套現；將難以退出的不良資產從有關企業剝離，透過其他關係企業或由母公司進行消化、整頓。

(8)關閉、破產、結算。清理也是投資退出的一條途徑。企業一旦確認項目投資失敗或成長太慢，不能獲取預期回報，就需要果斷退出。當投資專案無法透過其他途徑退出且無必要維持時，也應關閉、解散，透過結算退出。

上述有關退出投資的方式並不是相互獨立，而是緊密聯繫的。企業應當綜合運用這些方式，進行投資退出的部署。

☑事先做好安排，順利實現投資退出

企業如何能夠順利退出？以下四點建議可供參考：

(1)客觀評估投資價值。投資項目的作價直接決定了投資退出是否成功。資產作價的重要參考和基礎是資產評估價值，因此企業在投資退出時應進行資產評估。資產評估要在綜合考慮資產原值、淨值、重置成本、獲利能力等因素的前提下，選擇相應的資產評估方法，包括收益現值法、重置成本法、現行市價法、結算價格法或其他評估方法。

(2)投資退出的策略安排。如項目整體退出有難度，可分階段減持或退出；如整體轉讓有難度，可對業務或資產進行分批轉讓；如直接轉讓、出售有難度，可透過以股換股、以資換股、資產置換、託管、資股轉債等方式間接退出，或將部份資產透過資產管理公司進行融資性租賃、抵押後間接退出；力求以現金或票據（如債券）方式回收投資。在這一方式有難度時，也可以根據企業的實際情況以股權、資產、負債或其他方式回收。

⑶投資時就考慮退出。企業在項目投資初期，就應高度關注投資權益的流動性和變現能力，提高投資的證券化程度，為日後正常、高效和低成本退出創造條件，降低風險。

企業應爭取在專案公司合約條款中經由「賣股期權」等靈活安排，就投資退出的時間和方式做出意向性規定。條件成熟的，可爭取改制為股份合作制企業、股份公司和上市公司。

此外，企業在核心業務以外領域進行投資時，不宜以追求控股及大股東地位為目標，而應以策略性投資為主，透過引入策略投資者，形成投資主體多元化格局，以方便日後的退出。

⑷財務上做好準備。以高市盈率退出優質專案時，對企業來說沒有什麼財務壓力。但如果退出經營不善或長期掛帳的專案，企業就可能需要大幅檢討。此時，企業應充份考慮投資退出對其財務承受能力及現金流量的影響，以在時機選擇和策略應對上做出相應部署，同時要事先對可能的損失、清理出來的不實資產及呆帳做好財務撥補和

核銷。

二、積極經營管理資產，削減不必要的成本

如果用較少的經營資本做更多事，你實際也得到更多。舉例來說，如果兩家各方面相似的企業每年都有一千萬美元的銷售額，A公司的利潤是五十萬美元，B公司是一百萬美元，那麼B公司看起來更好，是嗎？但如果你發現A公司用兩百萬美元的資產獲取了五十萬美元的利潤，而B公司用了八百萬美元資產才獲得一百萬元美元的利潤時，也許你的想法就會改變。這是因為有這麼一個重要、但很少有人瞭解的原理：經營資產收益率（簡稱為ROAM）。

在這個例子中，A公司用了兩百萬美元資產，創造了五十萬美元的利潤，ROAM為二十五％（五十萬美元除以兩百萬美元）。B公司利用八百萬美元的資產創造出一百萬美元的利潤，它的ROAM只有十二・五％。因此，問題的關鍵是，你想把錢投在哪裡？能投向與A公司類似的企業，幹嘛要投往B公司呢？當你考慮如何回答這些問題時，能否也對自己的企業提出同樣的問題？

管理層的工作就是為股東謀求最大收益。很顯然，這些股東有很多投資機會，並

且在為自己的資金尋求最大回報。所以，股東權益回報率（簡稱ROE，是稅後利潤除以平均股東權益得出的）是衡量企業在財務上成功與否的關鍵基準。管理層要想提高ROE，就必須從提高經營資產收益率著手。他們可以透過增加銷售額或降低成本以提高運作利潤來達到這一點，或者透過減少運作中使用的資產也可以實現。

經理人可用於經營的資本有三個主要來源：股東權益、有息基金（貸款、公債和債券）和無息資金（應付帳款）。經理人將資金投到資產上（庫存、應收帳款、機械）藉以經營企業。目的是為了從他們經營的資產中獲得利（或收益）。從中取得的收益越多，給股東的回報也越高。儘管透過加強經營或減少資產來提高經營資產收益率是增加股東權益回報率最好、最賺錢的途徑，經理們同樣也可以透過改變上述三種來源的資金組合做到這一點。假如經營資產收益率超過了有息和無息資金的成本，減少了對股東權益的依賴，這樣計算股東權益回報率的分母就縮小了，股東權益回報率也完全可以得到提高。

☑削減流動資本

的確，有的企業較之其他企業更趨資本密集化。但差不多每家企業都可以透過關注流動資本這一常被忽略的項目也能提高其經營資本收益率。人們把流動資本定義為庫存加上公司的應收帳款再減去應付帳款。通用電器公司的行政總監傑克・韋爾奇把削減流動資本發展為一場運動。他意識到，這樣做不僅可以解凍資金，還能加快生產。

削減流動資本的重要性表現在以下幾個方面。首先，從庫存中節省出來的每一分錢都能為現金流量做一次貢獻，而現金流量能為提高公司生產率提供必要的資金。其次，流動資本像所有資本一樣都要花錢，因此削減流動資本總是能夠增加收入。

削減營運庫存迫使公司按照更加靈活的生產進度加快生產。過去充滿存貨的倉庫如今可以改作另外的生產線，以隨時滿足更多的顧客需求。這樣你不僅可以成為低成本生產商，還可以用原來的方式為顧客服務。

按照傳統，企業如果不提前幾個月，至少也要提前幾周做出內容廣泛的長期預測來進行生產。很多製造商正是透過這些存放的貨品來完成顧客的訂單。通用電器在肯塔基州的家電企業也不例外，寒冬季節計劃生產的產品要在初夏才能送到顧客手裡。

後來，通用電器將生產和訂單併行，每天用一套製造設施小批量生產各種型號的產品。這樣他們只需花過去六分之一的時間來計劃、生產和交付產品。結果庫存削減了一半，節省了大約四億美元。通用電器家電部的最終目標是，十天內完成生產和交貨，並將庫存再砍一半，降至二億美元。這樣能更有效地為顧客和公司服務，同時提高了經營資產收益率。

認為削減流動資本只適於某些行業的懷疑論者只需看看凱爾西‧海斯公司的運作就該明白。該公司生產廣泛用於當今汽車上的煞車系統和煞車零件。從一九九〇年至一九九三年，它的銷售額成倍數成長，而生產時間卻從三十天猛降到僅七天，流動資本從一九九〇年的七千萬美元減少至一九九三的負一千八百萬美元。現在，它只是在收到訂單後才馬上開始生產，卻依然能夠在顧客需要時交貨。「零庫存管理」是八〇年代由日本企業開始宣導，進而流行全球的一種現代管理觀念。

在實踐中，可採用下面的措施減少庫存：對市場容易買到的，價格上漲可能性小的產品應該不多買，它只是徒勞佔用倉庫，加大管理費，擠壓資金。對於市場較難買到價格看漲的原物料可適當加大庫存。

實際上合理科學的庫存管理應該由生產部門來負責，但是因為生產部門不管資金，對他們來說調度的是各種材料而不是資金，而存貨多些對他們來說就可能少操點心了，這往往會導致他們缺少儘量減少存貨的意識，所以，應督促生產部門加強存貨管理。

周密而合理的生產計劃有利於減少平均庫存量，最理想的狀態當然是材料一進倉庫，第二天或第三天就用於生產了，但這只是一種理想的目標而已。由此可見生產部門運用運籌學等管理理論科學指揮生產作業，對於減少庫存擠佔資金具有重要意義。對於企業來說，應該重點規劃的是進貨的時間、數量。

☑馬上處理掉不用的設備

在削減流動資本的同時，公司還應該對帳簿上顯示效益不佳的機器、設備、不動產及其他固定資產的效力和效率實施一次全面檢查。

舊機器和舊設備不同於葡萄佳釀，極少能隨著儲存時間的增長而增加價值。不管你現在把不用的東西換成什麼，通常遠勝過一、兩年後換到的東西。另外，你在這一、兩年中還可以利用這部份資金。

和員工一起找出哪些物品你不再需要或可有可無的，這樣會省下一大筆錢。

☑減少應收帳款

鋼鐵製造商紐克爾公司有一項嚴格的三十天付款政策，並只允許日銷售款拖欠三十天左右。公司總裁科倫蒂這樣解釋道：「我們不向供應商借錢，也不想顧客用我們的錢。我們不做銀行業務。紐克爾公司的政策不允許向任何購貨六十多天後不付款的顧客發貨。」

有的公司積極催收應收帳款，三十天剛過就馬上開始；有的則一直等到逾期九十天、一百二十天、甚至一百八十天才行動。這就太遲了，會妨礙控制管理。相反，應早早開始催款。如果標準時間是三十天，在第三十一天就要安排電話跟進，詢問顧客對產品或服務是否滿意。接著委婉地提醒一下，如果對方對服務或產品真的滿意，就該依照商定的條件付款了。

利用跟進，確保產品和服務達到原來要求，這種做法會使顧客感到高興。而且他們會把你的付款提示視為提醒他們別忘了自己在合作關係中應盡的責任。

積極經營管理資產是一個被大多數企業所忽視的領域。人們千方百計增加銷售額、降低成本，也必須以同樣的熱情經營資產。這樣做的最終成果便是經營資產收益率的提高。經營資產收益率提高了，現金流動會更加順暢，股東的收益大大增加，而這才是判定企業經營業績的最終標準。具體可採用以下方法：

(1)加強收帳程式。提高應收帳款回收過程的程式性。銷售部門對賒銷情況應有詳細的記錄，應建立嚴謹的工作程式。將應收帳款的任務指派到個人，以免相互推諉。應有一個預告系統，也就是銷售部門在應收帳款到期前就把快到期的應收帳款資料列印出來，提前進行電話催款，而不能靠對方主動。到期時再臨時通知，工作要主動，否則即使對方有錢可付，願意付，但對方肯定沒有付款的積極性。因此，建立一套嚴密可行的應收帳款回收工作程式是有實用價值的。

(2)設計一個科學的資金回收體制。這種方法適用於銷售通路較廣的企業。如何把銷售款儘快調回總部統籌進行資金周轉就是一個很大的問題。這些企業在收集資金的過程中可能需要透過不少的銀行機構，設計一個科學的資金回收體制是加速現金收入的要點。

在這個現金收集系統中，資金流向安排是很靈活的，核心思想就是讓大、中、小客戶、遠近不一的客戶的資金都能透過適當的途徑儘快地彙集在企業總部中。主辦銀行指與企業主要來往的銀行，由它作為企業的「資金彙集區」是比較合理的。

(3)銷售服務。企業所以在一些營業活動比較集中的區域、每天的資金流入量比較大的區域，租用郵局的信箱，要求客戶將支票寄往指定的信箱或地點，再委託往來銀行每天派人收取出支票，然後銀行將相關文件送交公司。這種方法省卻了企業收取支票和託收支票的環節。對於銷售收入數量較大，且流量分佈時間較長的企業來說，這是一個加快現金回收的方法。對於收入集中在某個時間區域的企業，用不著這種方法。在結算中，若支票占比例很小，這種方法也就沒有吸引力。隨著支票在企業業務結算中的比例上升，這種方法也隨之有較大的應用意義。從海外經驗來看，在企業每年銷售額達一千萬以上時，若使用該系統加速收款時間為四分之一天，就能增加一億元的收入。

(4)減少不必要的銀行帳戶。保留太多的銀行帳戶，這無疑是讓一部份現金收入有個「棲息」之地。戶頭太多的話，總體看來，滯留在這些帳戶上的現金也是一個可觀的數字。因此，去除不重要的銀行帳戶，能節約時間，就能減少滯留資金，加速現金收集，而且帳戶減少，能方便財務部門的管理，使財務部門周轉更方便。

(5)其他方法。其他方法包括金額較大的匯款單、支票，優先存入銀行，有時數額較大的支票可直接由總部交銀行入帳。有時這種方法真能解燃眉之急。此外，減少存貨，處理滯銷貨，也對加快企業現金收入有所幫助。

☑逆向思維

逆向思維其實是將企業放在購貨方的立場來考慮問題。思考方法是一樣的，但努力方向當然變了。作為買方的企業當然應努力做到：(1)延長支付貨款的期限；(2)延長應付票據期限，應付票據展期等。

延期支付應付帳款的方法，相當於暫時避免了資金的流出，也相當於壯大了資金，這同樣也有利於資金的周轉。這裡有一簡單例子。某企業本來從一月到六月均需支付四萬元貨款，企業也每月籌措了十萬元貨款，現在因為偶發因素，四月份的十萬元暫時籌措不到，而改在七月份才能籌措到。該企業可以採取以下三種延期支付的方式。

(1)方式一：順延一個月支付。即五月份付四月份應付的款項。在應用這個方法時，缺點是明顯的，就是對一個客戶要求順延還容易處理。若每個月支付的對象是不同的客戶，要說服不同的對象，難度就增大了，時間精力也耗費不少。

(2)方式二：晚付一個月。若僅四月份順延的要求得到滿足，其他順延要求得到拒絕，那資金周轉的效果就等於晚付了一個月。

(3)在資金充裕時支付。方法二其實並沒有解決問題。只是將資金拮据的窘境往後拖了一個月。那麼合理的方法是什麼呢？這就是在資金充裕時支付。

這種周轉資金方式的優點是顯而易見的。也許有人說：「上面所列舉的方式一與方式二毫無意義而言，誰不知道要採取方式三呢？」其實不然，這僅是簡單的例子，真實的資金收付活動是十分複雜的。關鍵之處是準確預測出資金盈虧之時，企業才能準確地調節它，就如在此例中將四月份中的不足資金支付轉成在七月份資金豐裕時支付，這自然省事多了。但企業若缺乏準確的預測，在日常資金周轉中亂成一團，企業很可能就求助於「拖一拖再說」的方式一或方式二，每天奔忙於「拆東牆補西牆」。

資金周轉高低之別也正在於企業是被資金驅使的奴隸，還是成為掌握了資金活動規律的主人。

有的企業延遲現金支付的方法很簡單，就是拖欠。這是有損信用的「劣招」。總的說來，延遲支付是不對的，但有時為了周轉資金，不得不使出一些「招數」。

(1)利用劃線支票，或對方開戶行是銀行，企業用銀行支票支付，這樣對方企業支票要透過票據交換所才能入帳，一般企業能拖延二至三天。

(2)採用遠期匯票付款。遠期匯票須經過承兌，到期才需付款。這是普遍採用的、合理的方法。

(3)租賃。租賃的好處之一就是先用固定資產為公司謀利，後分期支付資金。

三、透過合法的節稅為公司省錢

美國AGT公司所在國所得稅為二十五％，分公司設在巴基斯坦，所得稅為五十％。總公司把成本八萬美元，原可按十萬美元報價的一批貨物抬價為十四萬美元，銷售給巴基斯坦分公司，分公司最後以十六萬美元價格售出。該公司原應負擔的稅目是：

來自美國所得（10萬－8萬）×美國所稅率二十五％＋來自巴基斯坦所得（16萬

－10萬）×巴基斯坦所得稅五十％＝3.5萬美元。而實際負擔稅收為（14萬－8萬）×25%＋（16萬－14萬）×50%＝2.5萬美元，因此美國AGT公司少繳納一萬美元所得稅。

由此可見，企業在遵守稅法、依法納稅的前提下，如果採取的方法得當，是能夠做到合理節稅，為企業賺取儘可能多的淨利。

合理節稅不是逃稅。社會經濟發展到一定程度時，要求商品生產者依據一定規則和標準從事生產經營活動，同時這些必須依據的規則和標準又不很完善，難以防止和杜絕生產經營者能有效地避開這些規則和要求的約束，使其成功並富有成效地躲避各種應盡義務和承擔的法律責任。合理節稅是指納稅人利用合法手段躲避納稅義務，以期達到少納稅甚至不納稅目的的一種經濟行為。政府對此是無能為力的，因為節稅是在合法的前提下進行的。

☑弄清各種稅收行為的法律界定

對於公司來說，確定節稅行為的法律性質，弄清各種稅收行為的法律界定是至關重要的。因為，儘管節稅給公司帶來的利益是顯而易見的，但公司應竭力避免觸犯法律，以確保公司長期目標的實現。那麼，究竟怎樣節稅才不違法？要回答這個問題，還必須對避稅和節稅、偷稅、漏稅等有關問題進行全面分析和比較。

(1)節稅是一種合法的行為。節稅也稱稅收籌畫。所謂稅收籌畫，是納稅人在法律規定的許可的範圍內，根據政府的稅收政策導向，透過對經營活動的事先籌畫與安排，進行納稅方案的優化選擇，以儘可能減輕稅收負擔，獲得正當的稅收利益。其特點在於合法性、籌畫性和目的性。此外，在社會化生產的歷史條件下，稅收籌畫還反應出綜合性和專業性的要求。

面對社會化生產和日益擴大的國內國際市場以及錯綜複雜的各國稅制，許多公司、企業都聘用稅務顧問、稅務律師、審計師、會計師、國家金融顧問等高級專業人才從事稅收籌畫活動，以節約稅金支出。同時，也有很多的會計師、律師和稅務師事務所紛紛開闢和發展有關稅收籌畫的諮詢義務，因而作為第三產業的稅務代理便應運而生。由此可見，節稅是一種合法的行為。

(2)避稅並不違法。避稅是個常常引起人們爭議的概念。一般認為，避稅是指納稅人以不違反稅法規定為前提而減少納稅義務的行為。荷蘭國際財政局對避稅下的定義是：「避稅一詞指的是用合法手段以減少稅收負擔。該詞含有貶義，通常表示納稅人透過個人或企業活動的巧妙安排，鑽稅法上的漏洞、反常和缺陷，謀取稅收利益。」

從上敘述定義來看，一方面，避稅與偷稅無論是從動機還是最終結果來看，兩者之間並無絕對明顯的界限。但是，避稅與偷稅畢竟是兩個不同的概念，其重要區別在於是否非法。避稅是利用稅法中的某些漏洞或稅收鼓勵來達到減輕稅賦的目的，因而並不違法。而偷稅則是非法的，是違法犯罪行為。

另一方面，避稅是鑽稅法的漏洞，利用稅收漏洞，有違國家政府的稅收政策導向，似乎不符合道德上的要求。避稅與節稅相比，主要的區別在於，前者雖不違法，但有違於國家稅收政策導向和意圖；而後者則是完全合法的，甚至是稅收政策予以引導鼓勵的。

避稅在當今世界經濟活動中已是一種普遍現象。不論納稅人鑽不鑽稅法漏洞，只要合法或不違法都是在法律許可範圍的。

(3)偷稅和漏稅是非法行為。偷稅也稱逃稅，一般是指納稅人違反稅法規定，不繳或少繳應納稅款的行為。對於偷稅的這一基本涵義，人們已達成某些共識，即偷稅是一種非法行為，是以非法手段減輕納稅義務。但是，人們並未說明使用非法手段是否是有意識的。

實際上，偷稅可包括單純的或無意識的違法行為和故意違法行為兩種。前者主要是指納稅人因無知或無意識地違反稅法規定而單純不繳納或少繳納應納稅款的行為，即漏稅。而後者則是指納稅義務人以欺騙、隱瞞等手段，故意不繳或少繳應納稅款的行為，但要證明納稅人故意不繳或少繳應納稅款，有時也不是一種很容易的事情，二者的界限也並不是十分明顯的。所以，兩者又可以統稱為逃、漏稅。

☑節稅有利於企業的發展

節稅是企業稅收法律法規許可的範圍內，透過對經營活動財務活動的巧妙安排，以達到規避和減輕稅收負擔的管理活動。

⑴節稅是政策給的機會。作為企業的CFO，你必須明白節稅必須發生在國家稅收法律法規許可的限度內，即是合法的。因此，節稅具有合法性、靈活性，兼有一定的限制性的特點。

⑵節稅是企業經營理性的選擇。企業之所以稱為企業，就是因為它是以營利為目的。所謂經營的理性也正是這種利益驅動性。沒有不想賺錢的企業，只要在合法的前提下採取各種措施以達到盈利的目的，我們就必須得承認企業的行為是合理的。企業正是本著這一原則，靈活採用節稅方法來減輕稅賦。

⑶節稅是企業競爭的需要。稅是一種費用，但CFO不應只把它看成費用，它深

刻影響著企業生產經營的許多方面：首先作為一項費用，它直接減少了企業的收入；其次，稅影響了產品定價，而產品價格又在相當大的程度上呈現著企業在市場上的競爭力，因此稅進一步影響了企業競爭。有競爭力的企業才能更好地發展，因此稅最終影響著企業發展。

既要節稅，又要合法合理，這對任何一個企業的CFO來說都不是一件容易的事。其實，要想節稅，你首先要懂稅。只有在充份研究稅收法律法規的基礎上，運用科學的方法和巧妙的手段進行經營管理，才能達到目的。

▼節稅是經營活動與財務活動的有機結合。
▼節稅是經營時間、地點、方式、手段的精心安排。
▼節稅是合法合理會計方法的靈活運用。

一言以敝之，節稅呈現著上層決策者高超的智謀和優秀的管理標準。我們必須承認，任何一個理性的經濟人，都希望能以一種合法的手段來節稅。理性節稅顯示了企業管理者對待納稅的正確態度，它會促進企業有效地開展財務控制和合理佈置經營活動，從而提高了企業的的經營標準，又達到了增收節支的目的。

☑公司的融資行為與稅收

公司的融資行為是公司進行一系列生產經營活動的基礎和前提，如果沒有資金，或資金不足，就不能夠進行投資，或不可能形成規模投資。從而也就不可能獲利或達到規模效益。

在市場經濟下，公司作為獨立的商品生產經營者，公司融資的成敗，直接關係到公司的興衰。如何選擇有利的方式，進行有效的融資行為的組織，以取得更多的資金，滿足投資的需要，這是一個企業或公司的經營管理者首先遇到的一個重大課題。

一般來說，公司投資的資金來源，或可供企業選擇的融資手段，主要包括以下幾項：

一是自我累積法，即透過公司自身的生產經營活動，取得稅後利潤，其中一部份可作為進一步擴大投資的資金來源，這可以稱作是企業的自有資金。從嚴格意義上來說，這還算不上是公司透過融資行為所獲取的資金來源，而是公司上一個階段的所得。

二是向銀行貸款，在市場經濟情況下，銀行可以根據經濟運作的一般規律和特點，有效地控制和調節社會資金的流量和流向。公司向金融機構申請貸款，進行投資，這是企業融資行為中最常用的手段和方法，公司貸款的金額一般占企業流動資金的絕大部份。

三是公司之間或有關係的經濟組織之間的借貸，即公司之間、經濟組織之間，在一方發生資金不足或投資不足，而另一方卻存在資金結餘或暫不準備進行投資，雙方之間憑藉良好的信譽關係並簽訂具有法律意義的合約來相互融資。

四是在社會上或在公司及經濟組織內部集資。如發行債券、增資入股等。

上述的幾種融資方法，基本上能夠滿足公司從事經營活動對資金的需要。但是從納稅角度來說，這些融資方法產生的稅收後果卻有很大差異，從而決定融資成本有高有低。對這些融資方式或方法透過一定條件的有效利用，可以幫助企業減輕稅賦，獲得更多的融資資金，降低融資成本。

一般來說，上述四種融資方式所承擔的稅賦是依次降級排列的，公司透過自我累積方式集中的資金所受的稅收負擔要重於向金融機構貸款所承受的稅收負擔，貸款融資所承受的稅收負擔要重於公司之間相互借貸所承受的稅收負擔，公司之間相互借貸所承擔的稅收負擔要重於公司內部融資所承受的稅收負擔。

從節稅角度來，公司內部集資和公司之間相互借貸方式產生的效果最好，金融機構貸款次之，自我累積方法效果最差。這是因為透過公司的內部融資和公司之間的資金借貸，這兩種融資行為涉及到的人員和機構較多，容易有漏洞，降低融資成本，提高投資的規模效益。

金融機構貸款次之，但是公司仍可利用與金融機構特殊的業務聯繫實現一定規模的減輕納稅義務的行為，而自我累積方式則由於資金的佔用使用融為一體，稅收難以分割或抵銷，因而節稅很難發生。

第五章

資金預算使用與投資決策

第一節 合理制定資金周轉計劃

一、有效組織各部門的力量擬定資金周轉計劃

所謂「資金周轉計劃」是指提前計劃在一定時期內資金的增減及其用途。資金周轉一般依據計劃時期的長短，分為「長期資金計劃」——超過一年以上的計劃和「短期資金計劃」——一年以內的計劃。

兩種編制的方法是一樣的，區別就在於計劃期長短不一樣。應該說，計劃期越短，計劃就越精確，應用價值越大；計劃期越長，計劃就越不精確。的確如此，我們可以大概計劃下個時期，下個月做什麼，但計劃一年後就沒多大把握，計劃十年後做什麼的意義就更小了。

當然，對於一些大工程，長期投資專案來說，可能要做時期較長的資金周轉計劃。

但對一般企業來說，三個月，半年，一年的資金周轉計劃更為實用。

☑資金周轉計劃是企業所不可缺少的

對一般的企業來說，資金的周轉情況非常複雜，若不制定資金周轉計劃，就需要經營者有一個記憶力極強的大腦，在腦中存儲資金運作的資訊。但實際上，企業規模一大，資金周轉狀況一複雜，一般的人腦就應付不了，若不制定資金周轉計劃，也許暫時還能順利，但長遠來看，很難不出問題。因此，花點時間制定資金周轉計劃對企業來說是很有意義的事情。而且制定計劃的時候，也往往是決定資金不足時採用何種融資方式的時候，這樣提前做好了準備，就不至於事到臨頭，手忙腳亂。

企業要想多賺錢，就需要擴大銷售量。而要擴大銷售量，就要多採購商品。這樣，應付帳款與庫存就會多起來，這些意味著資金的需要會增加。因此，非常有必要將周轉資金的籌措、使用安排等各項事宜計劃好。例如，每年年底，為了讓員工過好年，一般企業都要發年終獎金，而且不能將帳面利潤分發給員工，需要的是現金，一般都有一個不確定的日期，也需要事先計劃好。

另外對於一些從事製造業的企業來說，為了增加生產，擴充工廠或為了提高競爭能力，可能需要引進新式的機器設備，而這些設備的投資數額一般不會很小。這種用於設備投資的資金也被稱為設備資金。設備資金不可能每月固定發生的，它大都集中在某一時期或某一個月，或者一年才發生一次，發生時間較無規律，金額也大小不一。因此，設備資金的籌措往往是需要精心準備的，若沒有資金周轉計劃，就很難在特定的時期內籌措到適量的資金進行設備投資。若漫無計劃地投入資金，可能會給資金的周轉帶來阻礙。

總而言之，對於規模不小、資金活動複雜的企業來說，資金周轉計劃是不可缺少的。企業要根據年度的營運計劃、利潤計劃等資料，判斷某時期的資金的需求和資金的收回，判斷資金的不足或盈餘，以期計劃好籌資手段或投資方式，進而維持資金平衡。

☑資金周轉計劃不等於借錢計劃

企業不可能總是資金不足，資金周轉也不等於總是借錢，所以資金周轉計劃不等於借錢計劃。

談到「資金周轉計劃」時，通常大家都想到「資金周轉」就是「向銀行借錢」。「向銀行借錢」的確是資金周轉的一個重要內容，甚至可以說是主要內容。但是，資金若事先未作任何使用，只是一味放置，不去活用的話，資金只是死的，是不會給企業帶來收益的。

資金周轉計劃不只是借錢的計劃，同時也是安排資金活用，促使資金健康運轉的計劃。也就是說資金周轉計劃要與購貨計劃、銷售計劃、貨款回收計劃等配合，共同提高經營效果。因此要提高經營效果，增加利潤，「資金周轉計劃」不可少。

企業好日子應該怎麼過呢？這時就不需要「資金周轉計劃」了嗎？不是這樣的。在利潤很高，手頭資金寬裕時，把這筆手頭資金預先留存起來合適嗎？怎樣回答這個問題呢。資金即使再多，也沒有人會嫌多，所以不妨考慮將其適當的進行運用，應該比簡單地留存起來要好。「借錢生錢」這往往是身陷資金不足的企業的論調，不過可以說，「用錢生錢」是資金周轉計劃的重要的一部份。

總而言之，資金周轉計劃的主要內容是借錢計劃，但它的範圍比借錢計劃大得多。

☑良好的資金計劃需部門間協調合作

資金周轉不僅是財務人員的事，資金周轉事關全域，資金周轉計劃的編制往往意味著對企業每一項經營活動的規則；因此，要把資金周轉與其他部門的經營活動結合起來，共同服務於增加企業利潤這個總目標。首先詳細瞭解一下營業活動，生產活動與資金周轉的關係。

(1)企業運轉的各個環節均離不開資金周轉。對於推銷員來說，他非常關心自己的銷售成績，若財務人員說要控制存貨，肯定會讓銷售人員不滿。的確，企業為了獲取利潤，直接從事有關盈利活動的是營業部門，但營業部門很難注意到整個企業的資產動態。如對推銷員來說，他看見的僅是企業活動中的部份，比如他推銷的情況怎麼樣？收到現金多少？收到遠期票據多少？獲利多少等等。

營業部門僅由局部的觀察想瞭解到整個企業的資金周轉，的確是件相當困難的事情。同樣，生產單位的情形也一樣。

生產部門、營業部門不一定理解財務部門資金周轉的難處。但對財務部門來說，資金周轉是為了生產部門、營業部門服務。可以說，財務部門周轉資金的每個動作都與生產部門或營業部門相關，對於財務部門的資金周轉來說，牽一髮而動全身，因為資金是企業的「血液」，企業運轉的各個環節均離不開它。在商品銷售之前，企業還要墊付資金購買原物料，購買機器設備支付薪資等，這時往往會形成資金缺口，於是在收回銷售貨款之前，資金周轉是一件不容易的事。

(2)資金周轉不僅是財務部門的事。企業向銀行借錢，銀行一定要瞭解資金的用途和企業的還款計劃。這時，其他部門合理的用款計劃和詳盡可靠的資金回收計劃對財務部門順利從銀行借到錢意義重大。表面上看來，借錢是財務部門做的事，但應該瞭解到，整個企業的實力是借錢的基礎，資金周轉是需要各個部門通力合作的。

另外，資金周轉並不等於資金不夠之時借錢，有錢之後再還錢，這種方法是不對的。資金周轉也代表企業管理的方式。資金周轉還包括對企業各個部門的財務方面的管理。各個部門往往對自己的目標看得很重，但對部門活動會對企業資金周轉的影響考慮較少。

一般來說，銷售部門有擴大存貨的傾向，生產部門有多進原物料的傾向，財務部門周轉資金更需要的是與各部門協調好，這也是企業經營者應該重視資金周轉的一個重要原因。因為很多時候，只有企業經營者才能協調好資金在各個部門的運作。資金周轉應該是企業經營者的事。而且，資金周轉與各個部門關係十分密切，各部門應與企業整體利益保持高度一致。每一個公司的部門，每一個公司的員工都要瞭解到，企業中每一個活動都與資金周轉有關，資金周轉是大家的事，需要大家群策群力。

(3)擬定計劃需要其他部門參與。只靠財務部門是無法擬定出有效的資金周轉計劃的，擬定計劃需要其他部門參與，需要各部門都在的「聯席會議」。其中財務部門是制定資金周轉計劃的總管，因為，這的確是財務部門的職責所在。包括有關資料的收集、存款、取款等也均是財務部門的日常工作。因此制定資金周轉計劃對於財務部門來說是責無旁貸的。

而其他部門的任務是什麼呢？資金周轉計劃需要下面一些計劃作為制定資金周轉計劃的基礎，而這些計劃，是由其他部門負責的。因此，需要這些部門提出相關資料，更主要的是若發生資金無法周轉時，讓這些部門能確實體諒到財務部門的苦處，促使有關部門修正不合理的或合理但不合時宜的計劃。這些其他部門的資料包括：銷售計劃（應強調收款方式是什麼），利潤計劃，進貨計劃（付款時間及方法是強調重點），應收帳款回收計劃，成本控制計劃，生產計劃，固定資產投資計劃，等等。

銷售部門銷售貨品並收回帳款，這是企業資金最重要的來源。銷售計劃是整個資金周轉計劃的重點，沒有銷售計劃，資金周轉計劃也就不成立了。而且銷售計劃非常重要，它的精確度直接影響資金周轉計劃的品質。可以說，財務部門資金周轉的難易度，主要取決於銷售計劃准不准。利潤計劃對資金周轉計劃也有較大的影響，若企業利潤不容樂觀，那麼企業最好以收縮為好，儘量減少支出。

若利潤不菲，財務部門就可以考慮向銀行借錢了，這時負擔一些利息成本，問題就不大了。進貨往往是資金支出的源頭。因此，進貨計劃是資金周轉計劃的重要基礎。

從另一方面來說，企業安排資金周轉，往往從調整進貨計劃入手。對企業來說，資金收入是較難控制的，只能努力儘量精確預測，而進貨支出是企業自己較容易控制的。應收帳款回收計劃與銷售計劃一樣是掌握企業資金流入的主要資料。對於應收帳款回收計劃應儘量詳盡，它的可靠性是很重要的，預計能回收某個款項，到時卻沒有收回來，這肯定會嚴重影響資金周轉計劃的品質，影響到計劃的實際使用效果，影響計劃的可操作性。成本控制計劃是從節支角度訂出的計劃，資金支出是「易放難收」，誰都不願意過緊縮的日子，但為了企業良性發展，為了資金周轉靈活，緊縮日子又是不得不過的。

所以成本控制計劃也是不可缺的。生產計劃相對來說離資金周轉稍遠一點，但它與進貨計劃與銷售計劃關係極為密切。因此，對它也不應忽視。資金周轉的一個重要目的之一就是籌措企業固定資產投資所需的資金，企業的發展壯大，往往需要外在資金的說明，而高超的資金周轉標準更是企業迅速擴張所必須的。固定資產投資計劃是資金周轉計劃中非常重要的組成部份，可以說，固定資產投資計劃是擬定資金周轉計劃的使命之一，所以說，這兩個計劃需要相互結合，相互協調。

總體來說，這幾個計劃是一個有機的整體。財務部門若沒有其他部門的支持而單獨擬定資金周轉計劃的話，其結果只能是毫無用處的計劃。合理的做法是召開擬定資金周轉計劃會議，集思廣益，各部門一起討論資金流向，財務部門將資金周轉計劃的草案提到會議桌上討論。這是財務部門綜合各部門的部門計劃，再擬定資金周轉計劃的最好方法。

當然，簡單地將各個部門計劃合併在一起並不能拿出一個收支平衡的周轉計劃來的，而是要在與各部門協商、調整各部門計劃的基礎上拿出一個收支平衡的計劃。不僅如此，還應綜合各部門的資料，考慮到一些不測之因素，預測到一些可能的突發性資金要求，事先有一個心理準備，制定出應付資金不足的應急方案。

最後，採用「聯席會議」的方式，希望各部門的有關人員都出席，瞭解企業的資金的狀況；這樣能使各部門對資金周轉有一定的責任心，理解財務部門，有利於各部門協調運作。

二、擬定資金周轉計劃的技巧

編制資金周轉計劃是有規律可循的。企業掌握好這些規律之後，編制計劃時會事半功倍，更重要的是遵從這些編制技巧，能提高資金周轉計劃運用的實用性。

☑把握擬定計劃的時機

制定資金周轉計劃的過程往往就是編制資金周轉表的過程，表格形式要簡單明瞭，一目了然，因此，也可以把資金周轉表看做擬定資金周轉計劃的成果。資金周轉表與資金周轉計劃一樣，是公司內部管理的工具，是不必向外公佈的（上市公司要定期向社會公佈資產負債表、損益表和現金流量表，企業向銀行借款也需要這三個報表）。製成資產周轉表的形式是非常有利於資金周轉。因為光憑記憶，人腦不是電腦，在現代複雜的經營環境下是應付不過來的。資金周轉工作是日常管理活動的重要環節，是一件要求非常周密的嚴格的工作。

接下來的問題是什麼時候編制，多長時間編制資金周轉表了。資金周轉表的編制可分為一年以上（這種較少，因為時間越長，不確定因素越多，編制品質和實際應用效果都受影響）一年、半年，（這三種稱為長期資金周轉表）、一個月、一周、一日（這種也極罕見，後幾種稱為短期資金周轉表）。

一般說來，以月為單位的資金周轉表最普遍，也最實用。因為習慣上賒銷、賒購、收回貨款、支付貨款、發放薪資津貼等這些專案也是以月為單位計算的。這樣在一般情況下，以月為單位編制資金周轉表是最合適的，不過在資金周轉吃緊，或資金流動狀況異常，或有其他原因時，也許這個時候企業就應以周、甚至以日為單位編制資金周轉表。

企業在市場就如在戰場，一切均以「戰況」而定。企業在編制月度資金周轉表時只做一個月的資金周轉計劃，然後以實際結果作為下個月資金周轉計劃的新起點，而不是以上個月資金周轉計劃的計劃資金餘額為新起點，這一點是至關重要的。這樣一個月，一個月順延編制下去，誤差得到及時糾正，資金周轉表的實用性也就更大了。

應該在一個月中選擇哪一天編制較好呢？一般說來，在各部門上交完月度計劃後及時編制最好。因為之前已經說過，資金周轉計劃是離不開其他部門的經營活動計劃的。

☑收入估計要保守，支出估計要充份

這是編制資金周轉計劃的總原則。對預計收入要保守一些，謹慎一些，因為常有一些意外因素使預計的收入不能收到，或者不能足額收到，或者不能及時收到，而預計支出一般是不會改變的，而且常有一些意外因素產生突發性支出。所以收入估計要保守，而支出估計要充份。

在資金收支時，應保守估計收入，充份估計支出。這是保障資金周轉安全的重要方法。若把資金收入估計得過高的話，萬一將來收不抵支，資金短缺的話，整個企業就會驚慌失措，這時採用緊急應急措施，或臨時採取調整措施都會對企業造成極大的損害。這種意外資金不足的衝擊很大，尤其是在其所造成的巨額損失本來是可以避免的情況下，就顯得更為可惜。

別的部門員工對自己的收入往往有過於樂觀的估計，例如收款人員認為應收款能夠百分之百地收回來，銷售人員認為完成計劃銷售量不是問題……而編制資金周轉計劃的人卻不能這樣想，他們往往需要私下按八成或九成來估算應收帳款收入，這也是保護其他部門人員的工作熱情的方法。

這種打折的辦法就是要留出一定的「安全比率」。例如企業與一新客戶有業務往來，或者乾脆在沒有收到貨款之前，不要將該客戶的貨款收入計算在內。當然「安全比率」並不是越高越好，此比率太高的話，對企業發展也不利。應該說，在經濟景氣時，在資金周轉有規律、資金流入波動不大的企業，「安全比率」可以留小一些，若情況相反的話，「安全比率」可以留大一些。

財務部門還要注意到這樣一個情況，就是營業部門也有將計劃「收入少估，支出高估」的傾向。因為「收入少估」的話，營業部門壓力就小一些，完成計劃的難度也小一些；而「支出高估」也是常見的傾向，這樣營業部門的資金就會活絡些，也許出差就可以由火車換成飛機，住宿也可以升級。為了克服這一不良傾向，企業管理者可以嚴格要求各部門配合，要求營業部門上交計劃時不留私心。若各個部門均以大局為重，財務部門周轉資金的難度會小得多。

因此，一定要讓財務部門與各部門開誠佈公，團結一致。若營業部門有「低估收入，高估支出」的不良習慣，而財務部門又因此暗中把營業部門的資料調整，例如將營業部門的收入調高，而收入萬一比預估低的話，財務部門處理突發性支出的資金不足了。

總而言之，良好的資金周轉計劃需要：

▼各部門提供合理的、精確的資料。

▼財務部門控制適當的「安全比率」。

☑銷售計劃、收款計劃要保守

資金周轉計劃首先要正確估計銷售收入，這是資金流入的最主要的專案，借款雖然也是資金流入，但它主要是被動的，是用於彌補資金不足的。因此，正確制定銷售計劃、收款計劃意味著制定資金周轉計劃有一個良好的開端。

一般說來，銷售計劃、收款計劃要保守一些，因為回收資金不及時是資金周轉不靈的重要原因。一般說來，企業在支出上是有較大的自主性和自由度，但收入方面有一些企業自己不能控制的因素，往往有一些延遲。例如，一月期的應收帳款或應付帳款，企業可以在一個月內選擇一個資金充足的日子把款給支付了，但企業沒有把握在一個月中的哪一天收到應收款。

而且企業應該認識到，收到票據與收到現金是有較大差別的。一般說來，企業在做資金周轉計劃時，一般不會把票據作為當期的資金收入，而是把它作為一、二個月或二、三個月後的資金收入，所以說，票據延遲收到幾天對資金周轉沒有大的影響。實際上，企業財務部門在編制資金周轉計劃時，一般不把票據貼現當作周轉手段，有突發的偶然的資金要求時，再用票據貼現應急。

當然，在票據當中，支票大概可以當作現金，為什麼用「大概」呢？因為把支票交給銀行，可能二、三天後才能入企業的帳上，才成為可以動用的現金。一般情況下，這二、三天的差異沒什麼重大影響，但若支票金額巨大，或資金周轉較為困難的時期，財務部門對這二、三天的差異也得給予足夠的重視。當然，在支出資金的時候，一般說來對方是很樂意接受支票的。

在對銷售收入作保守估計的時候，也有一個「底限」的問題，不能為此影響銷售部門收回貨款的積極性，更不能因為對銷售收入保守估計，而使銷售部門忽視減少呆帳的努力。

總而言之，銷售部門的主要任務還是要努力銷售，收回貨款。作保守的估計是財務部門在做資金周轉計劃時該做的事，還有就是應讓銷售部門確實理解及時回收貨款是多麼重要。因為一般說來，企業不去催款，客戶是絕不會按時自動地支付給企業。讓對方一拖再拖，好帳也容易成為呆帳。但是在制定計劃時，每一筆收入幾乎都安排好了用途，如果收款延遲，而又安排了不容取消的支出專案的話，這就會出現資金不足的情況。在資金周轉困難的時候，即便對方不付現，也應要求對方開出票據，這樣，只要手中有票據的話，就還可以用票據貼現來周轉資金。

對於企業來說，若對方立即用支票付現的話，這是最開心的事。但如果對方開票據的話，例如對方開出三個月期票的話，它又強於對方允諾三個月後付錢。因為三個月後，對方說手頭不足不付現的話，企業除了讓其拖欠之外，也沒什麼好辦法。票據就不一樣了，到期後，若對方還不付款的話，對方企業在法律上的責任就重多了。

有時對方企業會要求票據延期，也許只要延長幾天，這個時候，銷售人員往往可能就答應對方了。銷售人員可能認為這是無關緊要的事。其實不然，財務部門應該讓銷售人員知道，別輕易答應對方延期，幾天的延期，就可能給企業資金周轉帶來的很大的麻煩。生活中就經常能看見企業輕易答應對方延期，而給自身帶來巨大麻煩。

☑處理銷售波動是關鍵

銷售收入對於資金周轉是至關重要的，而且其穩定性較差，所以在編制資金周轉計劃的時候怎樣處理銷售波動就成為難點。而對這一難點的處理又成了影響資金周轉計劃品質的關鍵之處。如果企業一年到頭，銷售量沒有很大波動的話，那真是財務人員的幸事，但對許多企業，例如空調企業來說，銷售量有明顯的波動，資金收入與支出時期不對稱，編制計劃的難度當然也就大一些。因為銷售的波動也就往往意味著資金流出入的波動。銷貨收款的期限長短和支付貨款期限的長短對於公司資金周轉有重大的影響。

在編制計劃時，還要看一下企業的「危險邊界」在哪？也就是要分析一下，銷售額的波動，主要是指銷售額下降到什麼程度，企業就受不了的。這個數值就是「危險邊界」，這也應是銷售部門完成銷售任務的最後底線。應該首先澄清的是，有些企業在銷售下降時資金反而會多起來，銷售上升時，資金反而會吃緊，所以這類企業分析的「危險邊界」就是在目前的資金條件，能支撐最多數量的銷售額是多少。

☑詳細而完整地列出支出項目

銷售收入是資金流入的最主要來源。但對於支出來說，項目就很多了。漏了一個支出專案，這份資金周轉計劃就不完整、不正確。即使有些企業在某些項目上暫時支出為零，也應把該項列上，只是在欄中填上「零」，這樣有利於養成良好的編表習慣，減少遺漏的可能。

在支出項目中，首先應考慮的是銷售活動帶來的進貨成本支出、推銷活動支出等等銷售費用和存貨擠佔的資金。這些資金流出往往由銷售計劃和存貨計劃來確定。這些專案的精確性也就依靠這兩個計劃的精確性了。其餘的支出項目還包括利息支出、租金支出、獎金支出、稅金支出和股利支出。在這些項目支出之中，利息支出一般不會太大，但若利息支出占比重過大的話，這就說明企業債務包袱沉重，前景不妙了。

租金支出一般情況下是沒什麼好商量的，到期一般就得支付，薪資、獎金對於維護企業員工關係甚為重大，不到非常時期最好不要打薪資、獎金的主意。在經濟危機企業普遍減薪的背景下，如削減薪資、獎金碰到的阻力會稍小一些，否則只會逼企業中的優秀人才跳槽。在這些項目中，稅金支出（指所得稅）是隨企業盈利「水漲船高」的，若企業虧損的話就不用變了，（其他營業稅、所得稅等稅金支出等同於費用支出）

在虧損或盈利甚少的情況下，股利不發也是很正常的了。

怎麼確定獎金、稅金與股利在資金周轉表中的大概數額呢？

這三項與利潤預測有最密切的關係。因為獎金主要是根據利潤來估計的，獎金一般在編制計劃時估計保守一點，因為企業對獎金的控制力還是較大的。稅金與利潤關係極大，所得稅與利潤直接成正比，利潤估計準確與否直接影響稅金估計的準確度。而股利主要參照利潤的估計數和上期發放股利與上期利潤的比例數，不少企業儘量發放股利與上期利潤的比例數。

不少企業儘量避免股利發放比率的大起大落，平穩的股利發放有利於塑造企業穩健發展的形象。當然，在這一目標與其他更重要的目標有較激烈的衝突時，可以犧牲股利發放政策的「連續性」。

第二節 進行實用的資本預算

一、確認營業費用

費用是指會計期間內經濟利益的減少，其表現形式為資產減少或負債增加而引起的所有者權益減少，但不包括向所有者進行分配等業務引起的所有者權益減少。

費用主要包括營業費用、投資損失和營業外支出。營業費用是指企業在經營管理過程中為了取得營業收入而發生的費用，也稱為狹義費用。投資損失是指企業在從事各項對外投資活動中發生的損失（各項投資業務取得的收入小於其成本的差額及營業外支出是指企業在經營業務以外發生的支出）。上述三項費用中，投資損失和營業外支出直接表現為利潤的減少，而營業費用則要與營業收入配比後才能計算利潤（或虧損）。

☑營業費用的範圍

營業費用是指企業在經營管理過程中為了取得營業收入而發生的費用，分為基本業務費用、其他業務費用、管理費用和財務費用。不同行業基本業務費用的表現形式有所不同。工業企業的基本業務費用包括產品銷售成本、產品銷售費用和產品銷售稅金及附加，可以透過產品銷售收入直接得到補償；商品流通企業的基本業務費用包括商品銷售成本、經營費用和商品銷售稅金及附加，可以透過商品銷售收入直接得到補償。

企業的基本業務收入大於基本業務費用的差額，為基本業務利潤（反之為基本業務虧損），管理費用是指企業行政管理部門為組織和管理經營活動而發生的各項費用。財務費用是指企業在籌集資金過程中發生的費用。基本業務利潤與其他業務利潤之和大於管理費用與財務費用之和的差額，即營業收入大於營業費用的差額，為營業利潤（反之為營業虧損）。

☑營業費用的確認標準

確認營業費用應考慮兩個問題：一是營業費用與營業收入的關係；二是營業費用的歸屬期。具體來說，確認營業費用的標準有以下幾種：

(1)按其與營業收入的直接聯繫確認營業費用。如果資產的減少與負債的增加與取得本期營業收入有直接聯繫，就應確認為本期營業費用。例如，已銷售商品的成本是為了取得營業收入而直接發生的耗費，應在取得營業收入的期間確認為營業費用；又如，為了推銷商品發生的運送費用，也與取得營業收入直接相關，也應在取得營業收入的期間確認為營業費用。

(2)按一定的分配方式確認營業費用。如果資產的減少或負債的增加與取得營業收入沒有直接關聯，但能夠為若干個會計期間帶來效益，則應採用一定的分配方式，分別確認為各期的營業費用。例如，管理部門使用的固定資產的成本，需要採用一定的折舊方法，分別確認為各期的折舊費用。

(3)在耗費發生時直接確認為營業費用。如果資產的減少或負債的增加與取得營業收入沒有直接聯繫，且只能為一個會計期間帶來效益或受益期間難以合理估計，則應確認為當期的營業費用。例如，管理人員的薪資，其支出的效益僅及於一個會計期間，應直接確認為當期營業費用；又如，廣告費支出，雖然可能在較長時期內受益，但很難合理估計其受益期間，因而也可以直接確認為當期的營業費用。此外，對於某些雖然受益期限較長但數額較小的支出，為了簡化會計核算，按照重要性原則，也可以直接確認為當期的營業費用，如管理部門領用的管理器材等。

☑正確認清費用、成本、支出之間的關係

費用、成本、支出是三個既有區別，又有關聯的概念。

成本概念有廣義和狹義之分。廣義成本是指為了取得資產或達到特定目的而實際發生或應發生的價值犧牲。例如，企業為生產產品而發生的耗費為產品生產成本；企業為購建固定資產而發生的耗費為固定資產成本；企業為採購存貨而發生的耗費為存貨成本；企業為提供勞務而發生的耗費為勞務成本，等等。狹義成本是指為了生產產品或提供勞務而實際發生或應發生的價值犧牲，即生產及勞務成本（以下簡稱生產成本）。這裡的生產及勞務不僅僅是指工業生產及勞務，也包括非工業生產及勞務，如工程企業的建築工程以及交通運輸企業的勞務等。從上述成本概念可以看出，不論是廣義或狹義成本概念，均將成本概括為物件化的耗費。

綜上所述，可以看出，費用和成本均是對耗費按用途進行的分類。費用是對耗費按當期損益進行的歸納，而成本是對耗費按對象進行的歸納。

支出是指各項資產的減少，包括償債性支出、成本性支出、費用性支出和權益性支出。償債性支出是指用現金資產或非現金資產償付各項債務的支出，引起資產和負債同時減少，如用銀行存款償還短期借款等；成本性支出是指某一項現金資產或非現金資產的減少而引起另一項資產增加的支出，使資產總額保持不變，如用銀行存款購入固定資產等；費用性支出是指某一項現金資產或非現金資產的減少而引起費用增加的支出，使資產與利潤同時減少，如用銀行存款支付廣告費等；權益性支出是指某一項現金資產或非現金資產的減少而引起除利潤以外其他所有者權益項目減少的支出，使資產與所有者權益同時減少，如用銀行存款購入庫藏股票等。需要指出的是，並非所有資產的減少都屬於支出。

例如，從銀行提取現金，銀行存款的減少並非支出，只是貨幣資金形態的轉變；又如，收回應收帳款存入銀行，應收帳款的減少也不屬於支出，只是應收收入的收回。

支出與費用、成本之間的關係可以概括為：支出是指資產的減少，不僅包括費用、成本性支出，還包括其他支出；費用是一種引起利潤減少的耗費，費用性支出形成費用，然而費用中還包括未形成、支出的耗費，如預估的利息費用等；成本是一種物件化的耗費，成本性支出形成成本，然而成本中包括未形成支出的耗費，如生產線預估的固定資產維修費等。

二、制定一個真正有用的預算

☑資本預算是財務管理所涉及的最為重要的決策

資本預算涉及到預期收益在一年後支出計劃的全過程中。當然一年的選擇是武斷的，但是它是一個劃分各種支出的方便分界限。資本支出的明顯例子是土地、建築物和設備以及與廠房擴建有關的營運資本的長久性追加的支出。廣告或促銷活動或研究開發項目也具有超過一年的影響，因此他們也劃作資本預算支出。

許多因素湊在一起，也許使資本預算成為財務管理所涉及的最為重要的決策。再者，一個企業所有部門——生產、行銷等，實質上都受到資本預算決策的影響，所以所有主管、幹部都必須明白資本預算決策怎樣制定，不管他們基本職責是什麼。

資本預算實質上是企業經濟理論中一個基本命題的應用。這就是說，企業應當在其邊際收入正好等於其邊際成本的這一點上運作。當這一觀點應用到資本預算決策中去時，邊際收入可認為是投資收益率，而邊際成本是企業資本的邊際成本。這一規則在資本預算決策中正確的運用將導致股東資產最大化。

資本預算中最重要的任務之一是預測一個項目的未來現金流量。現金流量預測的準確性決定了透過分析得出的最終結果的準確性。由於企業的會計利潤是按權責發生制核算的，它與現金流量的含義完全不同，往往不是同時發生的，會計意義上的稅後利潤不是企業實際得到的現金。因而現金流量而非會計利潤是所有企業決策的中心，人們往往用現金流量而不是收入流量來表示投資項目的任何預期收益。只有在預期未來有更多的現金流入的情況下，企業才會在當期用現金進行投資，並且再投資或支付股東紅利也只能用現金。在資本預算中，高效率的管理者們注重的往往是現金。

☑過分關注於預算本身有一定的缺陷

六月的某一天，格蘭德公司的首席營運長瑪麗會晤了公司執行官（CEO），討論下年的年度計劃和預算。CEO剛在五月份向證券分析師們描繪了公司的光明前景『收入和利潤都將達到兩位數的增長速度』。CEO對瑪麗說：「現在我們必須實現諾言。我們必須在員工人數和費用支出方面控制更加有力，制定更具挑戰性的目標。」

六月份的大部份時間，瑪麗都在與她的財務副總經理一起規劃：預算中到底需要安排多少人力和費用支出。瑪麗希望預算能緊縮些，但又不能太緊，因為需要足夠的人手和資金去實現CEO的決策，如品質改善、速度提升、結構重組、技術創新和策略聯盟等。

七月，瑪麗把她的員工叫到辦公室。她認真地說：「迪克，今年我們在員工人數和費用支出控制要更有力。你有什麼建議？」

第二天迪克邀請他的直接下屬湯姆共進午餐。迪克重複了瑪麗的訓示。由於湯姆的部門裡一共只有八個人，除了薪資外，其他開支很少，因此湯姆的空間並不大。

在八月的大部份時間裡，湯姆和他部門的人都在處理這些預算資料，他們也常常談論品質、速度、重組以及面臨的其他重大挑戰，但是很少想到如何去做，注意力都被那些預算資料牽絆住了。

九月，湯姆、迪克和瑪麗分別向各自的上司提出了自己的計劃草案。每個人都明白自己的數字將被否決，這只是整個預算制定過程的開頭而已。果然，每個人都被告知重新審議自己的方案。

十月、十一月、直到十二月，湯姆、迪克和瑪麗又回到了前幾個月已經做過的工作過程中。雖然每個人都時常談起將要實施的品質、速度等決策，但是當日短夜長的冬天越來越逼近時，湯姆、迪克和瑪麗的工作只盯住一個目標：在十二月中旬拿出一個年度計劃和預算，裡面有正確和最佳的數位。

他們終於辦到了！經理們興沖沖地度過了好不容易才能夠放鬆一下的聖誕假期。

每個人一月份回來上班時，都準備全力以赴開展品質改善、速度提升、結構重組、技術創新和策略聯盟等工作。這些努力方向並沒有具體目標，但他們知道這些工作很重要，也是計劃中的。

回來上班後不久的一天早晨，瑪麗正在準備召開一月十五日的會議——「踏上今年的挑戰之路」時，電話鈴響了。電話的另一端是CEO。

他說：「瑪麗，我有一個壞消息。」

「噢，不，」瑪麗叫道，「不是預算的問題吧？」

「不是，預算很不錯。但我們需要覆核去年的數位。如果我們打算達到證券分析師們的預期，我們不得不降低目前的生產儲備量。你能不能暫時放下本月十五日前的其他工作？」

這是一個寓言嗎？不完全是。它每年都在某一個組織發生。儘管你投入了很多時間和努力，這種預算過程至少有三個方面的缺陷：

(1)這種預算不關注成果而重視活動。實際上，績效開始於以成果為基礎的目標，而不是以活動為基礎的目標。舉個例子，如果你必須提升客戶服務的水準，那麼你的目標必須包括速度提高、資訊正確、減少差錯、客戶滿意、客戶再次購買等等相應的成果。相反的，以活動為基礎的目標無非是重複人們計劃要做的事情罷了。

有效的目標是「聰明的（SMART，是以下形容詞的首字母縮寫）」——具體（Specific）、可衡量（Measurable）、可達到（Attainable）、相關性（Relevant）、時間期限（Time－bound）。如果財務準繩是衡量成功的有效指標，可以用它作為目標。但如果時間、速度、滿意度、品質、新產品、新服務、客戶關係或其他尺度能夠更好地衡量成功，那麼就用它們作為以成果為導向的「聰明的」（SMART）目標，不要再習慣性地採用收入、開支或者員工人數作為制定目標的基礎。

(2)這種預算不能用來直接衡量公司關鍵經營績效。格蘭德公司的CEO向證券分析師們保證「兩位數的收入和利潤增長。」格蘭德公司怎樣才能走向成功？當然是經由改善那些關鍵績效：品質提升、提高速度、結構重組、技術創新和策略聯盟等。收入、支出和人員都是滯後和間接的衡量標準，而且財務資料不能反應組織中某一項活動的成功與否。

(3)這種預算難以鼓勵人們表現更卓越。目標應當如同獎勵一樣可以激勵員工。當人們設定降低缺陷、達到新的服務標準、尋求新的顧客或者開拓新的市場等目標時，他們的工作熱情和成就感都會大大提高。

☑用著眼於成果的方式來改進預算制定流程

美國紅十字會的副總裁珍妮決定用著眼於成果的方式來改進預算制定流程。作為公司服務分部的負責人，她負責人力資源、市場行銷、公關、融資籌款、政府關係和國際服務等具體工作。珍妮要求轄下的員工為下一年度準備通常意義上的預算，這些預算包含一些簡單、必要的內容就夠了。部門的計劃重點著眼於所面臨的重大挑戰，和迎接這些挑戰以成果為基礎的目標。

對於每一種績效方面的挑戰，她都要求經理人定出一個或者多個基於成果的目標，同時制定出達到目標需要採取的行動計劃。例如，在市場行銷方面需要與其他公司建立策略夥伴關係。取代著眼於預算和人手的傳統方式，市場行銷部門要明確地界定出一個或者更多的基於成果的目標，如建立夥伴關係的數量和時間、每個夥伴關係的重要性有多大。

珍妮提醒每一個人，公司服務部門面臨很多機遇和挑戰，遠遠超過自身資源所能應付的，因此必須不得不作抉擇。在作決定時，除了考慮現金方面的支出和收益之外，還需要考慮的是速度、技能、人才、品質和夥伴關係方面。

很多公司服務部門的經理人意識到，現在他們必須花大量時間和掌握第一手資料的人們商談。有很多績效方面的挑戰需要部門內部的意見統一，甚至整個組織內部的共識，促使經理人們尋求來自上級的授權，以成功地制定出基於成果的目標。這產生了更加綜合性的挑戰，只有透過各部門之間的團隊合作才能完成，不再是傳統的計劃和預算過程中一成不變的各個部門相互獨立的工作方式。

公司服務部門是否制定和提交了一份預算呢？回答是肯定的。但是經理們計劃和預算工作中的大多數時間放在更重要的事情上——對於關鍵績效方面的挑戰和基於成果的目標有了清楚的界定和共識，因此他們可為組織的股東、客戶、贊助人、員工做出重大的貢獻。

☑使組織表現得「比計劃更好」

經理們怎樣才能做好預算和計劃的關係呢？首先，停止玩數字遊戲。讓預算和計劃成為績效和成果管理系統的一部份。整個績效和成果管理系統包括：組織所追求績效方面的挑戰；衡量成功與否的工作目標；達到成功目標的時間表；實現這些目標的責任人（個體或團體）。

為了實施這種系統，你和你的同事們必須要做到：

(1)把持績效方面的挑戰，而不是部門和職能的考慮，作為制定計劃和設定目標的基礎。例如，格蘭德公司應當建立一套計劃，直接致力於品質提升、提高速度、結構重組、技術創新和策略聯盟等。那麼，是否應當有營運預算呢？是的，但只有當運作中的費用和人手對績效相關的挑戰有影響時，才需要考慮檢查和更新預算。

(2)將每個人根據所負責的績效挑戰領域分組，要求他們制定並且達到基於成果的目標。數十年來，績效往往產生在簡單的、單獨的場所：個人、部門等。今天，績效常常出現在更複雜、更瞬息萬變的地方：專案團隊、業務流程和策略聯盟等。

(3)每個績效方面的挑戰及其相關的工作領域，都應該設定SMART的目標和基準。計劃、預算和檢討程式應當有助於說明人們回答以下問題：

目前在績效方面的挑戰是哪些？

在這些挑戰中，哪些成果是成功的目標？

這些挑戰屬於哪些工作領域和需要多少人手？

我或者我們對哪些工作領域能做出貢獻？

為了做出貢獻，我們應該設定哪些基於成果的目標？

儘管出發點很好，現在年度計劃和預算流程已經逐步蛻變成數學和行政意義上的行動，與績效之間只有很少的聯繫。大部份的公司廢棄了繁瑣的流程，僅僅是要求自身的財務機構提供必須的支出和收益規劃，以保證總體業務績效。其實，我們還可以做得更好，每一個組織都可以透過實施績效和成果評估系統，為顧客、股東或贊助人以及員工們提供出色的、持續的價值。這麼做，組織將能夠表現得「比計劃更好」。

第三節 爲企業的發展提供資金保障

一、透過財務行為和影響，保障企業管理的持續性成長

☑管理企業的關鍵就是要注意成長的持續性

從財務角度來看，資金管理都是企業獲得成功的關鍵。但是，瞭解並管理好企業的發展週期，是企業得以健康成長的另一個方面，也值得注意。

成長幾乎是所有企業夢寐以求的目標，但沒有計劃的成長最終則可能破壞企業的收益底線，以及它的資金儲備、周轉率、信用等級以及其他一些關鍵要素。成長過快的企業會造成自身資源的緊張，使企業無法滿足市場需求。成長當然是件好事，但如果你一不小心，成長就有可能使你「破產」。

一旦企業的成長迫使它無法滿足市場需求，服務缺口就會日益擴大，收入停滯不

前，支出卻不受控制地飛漲。

因此，管理企業的關鍵就是要注意成長的持續性。成長的速度不僅要符合企業需要，還應該使你能避開前進道路上的陷阱。所謂過猶不及，企業成長也一樣，成長太快並不一定是好事。

學會管理企業成長，首先要理解成長的特性。這既包括企業本身的成長特性，也包括企業所生產產品的特性。

在企業或產品進化的某些階段，成長是好事，實際上也是至關重要的。但是，換一個場合，可能放慢速度是更好的選擇。管理企業成長就是要知道在何時採取何種策略。一旦達到這種認識標準，就可以確立一種可持續的成長策略。如果策略選擇正確，你就能繼續成長下去，直到企業達到一個新的發展階段。

不同的階段需要採用不同的策略，從而產生不同的財務行為和影響，因此，隨著業務階段的變化，你對可持續成長率的界定也應有所不同。

業務發展一般都會經過四個階段：進入期、成長期、成熟和衰退。意識到業務處於哪個階段是成功的關鍵。

(1)進入期需要適當的資金支援。每一業務都有一個進入期。在這個階段，業務剛剛進入商業世界，關鍵是要獲得市場認可。此時，資源通常很有限，收入幾乎為零，而業務需求卻非常大。

對於新業務來說，這是一個非常危險的時期。大部份新業務在這個階段胎死腹中。這個時候，任何成長都是歡迎的，因為此時的需求標準非常高。良好的資源管理是業務生存的關鍵。同時，適當的資金對支援所謂的「業務直線增長」同樣非常關鍵。

(2)成長期需要充足的財務支援。隨之而來的成長期，對企業來說是一段令人振奮的時期。產品推出了，知名度有了，顧客群也明確了。同時，啟動費用卻不斷下降，利潤則日益上升。在這個激動人心的時段，為跟上成長的腳步，不僅需要投入相當大的精力，也需要充足的財務支援。

不管你相信與否，過度成長只能危害企業，因為它會對資源產生不適當的壓力。比如，訂單的增加意味著生產更多產品，繼而需要更多員工來支援擴張了的生產和配送。然而，從這些增長的銷售獲取的收入可能不足抵補或維持對增加人手的支出，也就是說，從銷售增加獲取的利潤被相應增加的支出抵消了。

產品或企業的成長階段是保持可持續成長所關注的焦點之一。因為在這個階段，企業面臨最劇烈的變化，能夠看到自身最急迫的成長需求。銷售增長意味著支出也在增長。一些企業依靠借貸來維持生產需求。這種做法如果任意濫用，就極其危險。企業如果沒有一個增加收入的策略，就可能發生足以使公司傾覆的嚴重問題。

有一句格言最能表達可持續成長的含義：「錢是靠錢賺來的」。需要多少錢取決於你計劃支持一個多快的發展速度。只要成長是按你計劃進行的，支出又與你期望的成長利潤同步增加，保持收支平衡，這種成長標準就可能持續穩定，成長進度得以實現。

(3)儘可能地維持成熟階段。隨著業務逐步成熟，就如同船舶在平靜的大海上航行，不過這個平靜的經濟海洋卻容易產生誤導。費用可能平穩，利潤暫時還很豐裕，但好景不會太長。企業最終必將走入衰退期，因此這個時期的策略是儘可能地維持成熟階段，以及該階段所產生的利潤。居安思危對處於這個階段的企業大有益處。否則，當它們面臨驚濤駭浪時，就沒有足夠的技能駕馭湧流。

(4)財務計劃必須對衰退期做出正確反應。業務的衰退，這最後一個階段是企業力挽狂瀾的艱難時期。一些有準備的企業可以在衰退期支撐一段時間，以便找到適當的計劃光榮退出市場。那些建立了退出策略的企業則可以從容地從這個市場退出來。然而，更多的企業卻在徒勞無功地掙扎著苟延殘喘，但沒什麼好運。是留還是走，財務計劃必須正確做出反應，並提供相應的安排。

對於絕大多數企業而言，為成長而成長並不是一種行之有效的策略。即使在進入期也是如此。收入的增長幾乎總是伴隨著支出的增長。企業如果根據這種成長與產能的比率來運作，就很容易陷入過度擴張的泥沼而不自知。這裡的奧祕在於建立一個控制計劃，對潛在的邊際利潤及其對收益底線的影響有一個清醒的認識，從而促使企業和它銷售的產品可持續成長。

豐富的成長管理經驗越能依據過去經驗預見將來可能發生的問題，就越能成功地在成長過程中趨利避害。管理人員籌措資金的能力對成功至關重要。

成長速度超過可持續成長標準的公司面臨的問題，可能會給它們帶來滅頂之災。實際成長速度低於可持續成長標準的話，也會遇到同樣生死攸關的麻煩。

成長如果超越駕禦能力便會將有限資源推向崩潰的邊緣。同樣，如果不能利用現有資源，使成長速度充分發揮這些資源的潛力一樣會令企業陷入危險境地。閒散的員工和冷清的生產線並非對成長的投資，而是成本。它們將對成長利潤產生負面影響，從而在所有利益相關者中降低企業的價值。

假如你意識到這是公司的一個問題，那就要弄清楚它屬於長期的情形，還是短期或季節性問題。因為情形不同，採取補救辦法的結果也將大相徑庭。此外，還要認清這是一個本公司才有的問題，還是全行業都存在的現象。假如是後者，那你也無能為力。

不管怎樣，關鍵是必須檢查公司的運作表現，確定到底是做多了還是做少了，才導致公司發展遲緩。坦誠的自我檢查往往是一個痛苦的過程，但只要核心業務有危機出現，這種檢查都是至關重要的。問題可能在於公司需要重新定位，也可能是需要轉變策略，甚至可能得改組管理團隊。只有在確信問題不在企業內部之後，才能去看外在的情況。

面臨這種挑戰，公司通常做出這樣幾種反應。一些公司無動於衷。雖然沒有重大的回報，它們仍然繼續運作。對於日趨嚴重的閒置資源沒能用於企業的成長和發展，它們視若無睹。事實上，資源運用不足會嚴重影響公司業務。

另一種策略是多元化，也就是透過投資或開創新業務尋找新的成長點。對企業領導者，尤其是熱衷橫向或縱向整合策略的領導者，這一策略絕對有吸引力。

此外，當核心業務開始在市場衰退時，多元化是很好的探索新選擇的方向。由於成長快的企業能夠給成長慢的企業提示問題，因此由一家企業給另一家企業投資，有可能解決雙方的問題。這樣運用資金比其他方法都更有建設性。

☑制約與平衡對漸趨失敗項目的投入資金

紐約一家專案管理培訓和諮詢公司——藍寧公司國際研究所高級副總裁兼產品發展部主管喬治說：「在很多情況下，專案經理只重視完成具體工作，而不去考慮完成這個項目對企業是否有價值。這就要求財務人員在這方面注意制約與平衡的作用。他們應該不斷地考慮這個問題：項目的資本收益率是否值得企業冒著種種風險去實施這一項目？」

財務經理應當與專案經理密切合作——同時也要保證這種制約不至過於嚴格。財務管理決不僅僅是在預算上斤斤計較。財務經理常常忽視對專案經理提供指導。財務管理人員應當不斷提醒大家關心「底線」利潤，以此增加專案管理的功效。他們還能夠為每個專案制定一個宏觀的長遠規劃。

在一個項目的實施週期中，到底應該多久進行一次財務分析，各種理論對這一點眾說紛紜。但是專案管理顧問們與財務管理人員對如下幾點均已達成共識：必須建立一個機制，定期監察項目的支出與收益；所有專案在實施中都應隨時注意市場的變化。對專案定期進行財務檢查的根本目的就是要消除各種意外因素的影響。

一旦財務分析確認了專案的可行性，財務經理人員就應該著重於長遠規劃：從長遠來看，這一專案會對企業具有何種意義?它將如何影響企業未來的財務與經營模式?

麥德國際旅遊公司是一家旅遊勝地管理企業，他們前不久開始著手重新設計公司的資料庫系統。公司財務與會計事務副總裁・卡密爾不僅對這一項目進行了投入與收益分析、制定了專案預算與進度表，而且還研究了可能對項目效果產生影響的種種因素。

「所有經理人員必須瞭解實施一個項目所產生的種種難以預料的影響，以及這些影響將會對項目的成功實施產生怎樣的作用。」卡密爾說，「作為我們應盡的職責，我們必須熟悉會計事務、銷售週期、市場行銷週期和研發週期，以及如何使這些因素周密地結合起來。此外，我們還能在專案管理過程中對企業進行通盤考慮。」

現在，許多企業正在實施電子商務的專案。這類專案就需要宏觀的計劃與長遠的考慮。喬治說：「實施一系列的專案、建立電子商務的基礎架構或許非常有利可圖，但是這一計劃的收益在兩年之內可能不會實現。因此，財務人員就應當告知企業的其他員工，公司必須埋頭苦幹兩年左右的時間才能看到回報。這可能還會涉及到股東方面的一些問題。財務人員完全清楚專案的長期發展情況，但他們在制定專案預算時，有時卻會忽略這一點。」

即使財務部門對項目實施進行了專業的幫助，項目的進行也可能——而且確實——

一步履維艱。專家認為，電子商務的引入與業務程式重建專案最有可能遇到延期和超支的問題。喬治說：「比起改進產品或服務的專案，企業內部的改造項目更容易出現問題。一家企業推出新產品時，其收益取決於這一產品的銷售情況，因此通常能夠做出明確的預測。而我們在進行內部項目時，卻很難從一開始明確證明這一構想的價值。內部項目的產生往往是這樣的：某人提出了一個好點子，並得到大家的認同，因為他們覺得這是件了不起的事情。」喬治認為，在有些情況下，應該用現實性的考慮推動專案的實施。比如，如果你不使用電子商務系統，不出兩年就會被競爭對手淘汰。財務部門的任務應當是把每一個出色的構想用投資收益分析的形式表達出來。這樣一來，項目決策人員就會清楚地瞭解這些決策對企業的影響程度。

對預算支出的消極態度是專案實施中的常見問題。有這樣一位項目經理，他擁有每月四十五萬美元的預算資金。對他而言，只要每個月都把這筆錢花出去，就算完成任務了。他辯稱，因為財務部門制定預算時，並沒有說：「我們來把整個項目通盤考慮一下。」而那是一個一千五百萬美元的專案，算得上是很大的專案，但這種處理方式在很多大企業中卻並不罕見。

有時，專案投資者會聽任專案的實施情況不斷惡化下去，這是因為他們覺得已經為項目投入了太多的時間、金錢與精力。你會聽到這樣的話：「我們既然已經花了這麼多錢，乾脆還是把項目繼續下去吧。要不然，那些錢就算是白花了。」這種把處於困境中的專案進行到底的決定可能是正確的。

但是即便如此，也決不應當從這個角度來考慮問題。應該問問財務主管人員，在過去的一年裡，他們公司的專案中有多少已經透支了。如果他們六個月之前就能發現問題的話，會對其中的多少專案進行調整——縮減規模或乾脆取消？弄清這個問題並不困難，只要問對問題就可以了。

是否放棄一個陷入困境的專案，無論是專案經理還是財務經理都遲早會面對這個問題。在討論這一問題之前，他們必須知道，有些超支的情況是正當、合理的。有時諸如新技術的應用等外在因素會使項目支出成倍數增長，但同樣也會令項目的收益大大增加。評估一個預算超支的專案，並不是簡單地比較我們本來預計花費多少錢，而實際花費了多少。應該考慮的問題是繼續這一專案是否值得。收益還能否抵償額外的花費？財務部門的任務是搞清楚企業能否得到與投入相應的回報，然後再評估無法獲得回報的風險。

決定放棄一個專案是相當困難的。對成功的預期使得人們在項目中投入時間與經驗，甚至把職業前途也拿來孤注一擲。一旦開始實施一個項目，人們就會為了成功而傾注大量的熱情與精力。他們付出了辛勤的汗水，自然希望獲得成功。所以，當遇到一些小問題時，他們總是竭盡全力克服困難繼續前進。

然而，當出現下面這些情況時，就應該考慮縮減、延遲或取消專案：

(1)持續增長的預算支出。如果每一次你收到進度報告時，專案經理都會說：「噢，對了，這裡還要多花十萬美元。」這可不是個好現象。這說明專案執行人員無法控制專案的進行。如果預算以五%的幅度不斷增長，那還不如一下子明確項目完成時將透支五十%。一旦你發現預算支出在持續增長，你就應當回過頭來對項目進行一次充分的回顧和總結。

(2)專案執行人員士氣低落。除了對數字的掌握之外，還要留心專案執行人員有沒有意志消沉的跡象。他們是否一籌莫展？他們是不是在日夜工作？企業其他部門是否因為這一專案消耗了公司幾乎全部的資源與精力而苦不堪言？透過對專案執行人員的表現的觀察，你能夠在專案開始出現問題時察覺出來。你還要儘量引起領導層對這些蛛絲馬跡的重視。

(3)專案執行人員與企業其他部門之間缺乏交流。在專案的運作中，專案執行人員與企業的其他部門應該保持不斷的交流。當某個使用這一商務系統的部門表達自己的願望，希望對專案進行部份更動，項目經理就應該耐心解釋，這樣的更改會對專案預算與完成期限產生何種影響。專案執行人員與企業其他部門之間缺少交流會導致員工士氣低落，並對項目的價值產生疑問。

(4)專案執行人員頻繁改變方針。專案執行人員遇到困難時，常常會改變方針。如果這種情況成了家常便飯，就需要對專案的整體構想進行重新思考與設計。

在這些情況下，財務部門有責任站出來充當壞人，取消失敗的專案。但是，如果財務部門能儘早並儘量多地介入專案管理過程，這種不愉快的情況就會發生得少一些。

二、進行資本營運的策略方式

企業策略可分為三個重要的層次，即企業總體策略、企業經營策略和企業職能策略。資本營運策略屬於企業的總體策略。資本營運策略是根據企業策略目標的要求，對企業可以支配的資源進行優化配置，其是在考慮了各處經營單位策略的基礎之上制定的，反應了各個經營單位的策略目標要求。

☑資本營運策略特點

資本營運策略是企業內部成長策略和外在成長策略相結合的策略。企業內部成長策略主要是領先企業自己的技術、資金力量，並結合外部的資源，在企業內部進行發展的策略。如企業為了開發新的產品系列或進入一個新的市場，在企業內部單獨建立一個經營單位，或透過合資開發新的專案或成立新的經營單位。企業外在成長策略是透過結盟、併購、參股、租賃等多種經營方式實現企業的外在性成長的策略。

(1)資本營運策略是開放型策略。資本營運策略不僅僅考慮資源，還將外在資源納入企業經營的範圍。傳統的策略模式強調對現存企業業務進行計劃和管理，這就使策略管理者把更多的精力投入到企業內部，這種模式不能適應日益開放的環境。資本營運策略將視角伸向企業以外，透過兼併、收購等途徑實現資源的擴張。

(2)資本營運策略是資源整合型策略。資本營運透過兼併、收購、租賃等，將企業可以支配的資源擴大，在這個基礎上進行資源的整合，使被兼併、收購、租賃企業的資源與自己企業的淘汰形成互補和合作效應，從而帶來企業整體價值的增長。

☑資本營運策略類型

(1)發展型資本營運策略，在這之中，具體又包括：

集中發展型資本營運策略。即集中企業的資源，以快於過去的增長速度來增加現有產品或勞務的銷售額、利潤額或市場佔有率。

同心多樣化資本營運策略。即增加同企業現有產品或勞務相類似的新產品或新勞務。

縱向一體化資本營運策略。即向前一體化，組織自行銷售其產品或勞務；向後一體化，組織自行供應其生產現有產品或勞務所需的部份或全部產品或勞務。

橫向一體化資本營運策略。即企業透過收購、結盟或兼併與自己有競爭關係的企業的發展策略。

複合多樣化資本營運策略。即企業增加與組織現有產品或勞務大不相同的新產品和勞務，它可以在組織內部或公司外產生，但更多的是透過對其他組織的合併及合資經營方案而來。

(2)緊縮型資本營運策略。在這之中，具體又包括：

抽資策略。即減少企業在某一特定領域之內的投資，將引出的現金流量投入新的或更有發展前途的領域。

轉向策略。即企業試圖扭轉財務狀況，提高經營效率所採取的策略，目的是度過難關，扭轉形勢，然後採用新策略，關鍵是有系統、完整的策略觀念。

放棄策略。即賣掉公司的一個主要部門，此主要部門可以是一個策略經營單位、一條生產線或是一個事業部，當抽資或轉向失敗後，常用此策略。

清算策略。即透過拍賣或停止全部經營業務來結束企業生命，通常在其他策略全部失效時採用。

(3)穩定型資本營運策略。即既不採取發展型策略，也不採取緊縮型策略，而是保持企業既有的狀態，對處於正在上升的產業和穩定環境的企業有效。

(4)組合策略。許多企業並不侷限於實施單一的策略，而是將策略組合起來，具體包括：

同時策略。在增設其他策略經營單位、產品線或事業部的同時放棄某個策略經營單位、產品線或事業部；在其他領域或產品並行發展的同時，緊縮某些領域或產品；對某些產品實行抽資策略，而對其他產品採用發展策略。

順序組合。在一定的時期內採用發展策略，然後在一個時期內實行穩定發展策略；先使用轉向策略，待條件改善之後再採取發展策略。

☑資本營運策略決策指導

資本營運是一項十分綜合和複雜的公司策略行為，其策略決策表現了自身的一些特點和原則，同時，針對環境的分析和決策程式也至關重要。

資本營運策略決策有其自身的特點和原則。有策略就必須有決策，決策活動是貫徹企業策略意圖和策略觀念的首要工作。具體到資本營運策略決策而言，具有以下特點：

(1)預見性。資本營運策略決策是以籌畫企業未來的資本營運活動為研究物件的，因此必須對未來的發展趨勢做出預測，透過對未來變化情況的預見和把握，確定正確的決策方案。

(2)選擇性。在決策中，CFO透過對多種可能的變化狀況進行比較選擇，儘量使決策結果達到或者接近事物發展的真實狀態，以便使資本營運行為取得好效果。

(3)決定性。該決策是決定企業盛衰興亡的重大問題，其決策品質高低直接決定了企業的前途和命運。這就要求CFO充分注意到此類決策的重要性。

(4)風險性。該決策實際上是一種針對未來環境發展變化的選擇行為，其決策結果是不是符合未來的發展變化，存在較大的不確定性。這是風險的根源。

資本營運策略決策是一項複雜的系統工程，應遵循以下原則：單向收益和整體收益相統一，做到既要追求單種方式的高收益，但更要注重企業整體的資本營運收益。企業CFO應把握四種不同資本營運方式的關係，合理調配不同的資源投入，使企業整體收益達到最大化。

其一，當前利益和長遠利益相結合。在決策過程中，CFO應將對長遠收益與近期收益的追求結合起來，發揮資本營運的組合功能，將兩種不同的資本營運項目巧妙地銜接起來，產生最佳的資本回報。

其二，經濟效益與社會效益相協調。社會效益從經濟的角度上看是企業的外在形象，其好壞直接影響企業的經濟效益。

其三，資本營運策略決策的環境分析。企業是一個開放系統，內外在環境之間存在動態的相互作用，企業自行調節與外在環境的關係必須以對環境的正確認識為基礎，因而，環境分析是企業制定策略決策的前提，具體到資本營運策略決策而言，要分析以下的環境因素：

▼國民經濟總體狀況分析。主要包括國民生產總額等一系列總量指標的分析，包括名義值和實際值的對比以及結構性分析。

▼國家的經濟政策。主要包括財政政策、貨幣政策、產業政策、收入分配政策、就業政策和外貿政策等。

▼經濟週期分析。主要包括成品市場、原物料市場、勞動力市場、金融市場、技

術市場以及產權交易市場狀況的分析。

▼行業狀況分析。主要是對企業參與或準備參與的行業進行行業的現狀及前景分析、行業壽命週期分析、行業競爭狀況分析。

☑資本營運策略決策程式

資本營運策略遵循以下的決策程式：

(1)提出問題是決策活動的起點。資本營運決策就是要在紛繁複雜的經濟活動中，發現最有利於企業從事資本營運活動的機會，以此作為企業實施資本營運決策的起點和基礎。

(2)確定目標，明確任務。目標指企業在將來資本營運活動中應達到的標準和要求，確定目標一要詳細分析企業現狀，二要準確預測企業未來發展。

(3)分析決策環境。決策環境是企業制定策略決策的前提，包括宏觀環境分析和企業產業環境分析兩大部份內容。

(4)企業自身條件分析。主要包括企業在行業中的競爭地位、企業獨特的優勢以及企業籌集和調配資源能力的分析。

(5)制定方案。這是決策程式的主體階段。往往經過兩個步驟，其一是輪廓設想，其二是精心設計，後者的重點在於確定方案的細節和估計方案的實施結果。

⑹評估選優。資本營運決策是一個多方案之間評價選優的過程，要對方按標題進行科學、合理的評價，必須設置適宜的評價。

⑺實施與控制。這是策略決策的最後一步，其直接影響決策執行的效果。

三、應付資金不足，冷靜度過難關

☑「合理化投資」也會造成資金不足的危機

企業要發展壯大，一般都要擴大廠房，採購新設備。在進行投資時，有時投資計劃本身就不合理。例如採購的是質差價高的設備，無法生產出合格的產品。長遠看，這自然會導致資金不足，或者說這是「實質性資金不足」。當然也有另外一種情況，這就是投資計劃本身是合理的，但由於其他因素，也會造成資金不足的後果。

設備投資和其他固定資產投資對於企業的成本發展來說，是最重要的決策之一。特別是對於製造企業來說，設備不但決定了企業的基本結構，並且長期影響著企業生產的產量、成本、品質、技術標準。從企業經營者來說，重要的是在制定「合理化」投資計劃的同時考慮資金周轉這一制約因素。

一般來說，設備投資等固定資產投資支出金額龐大，並且資金回收亦需要較長的時間，也就是資金回收期長。因此，若投資失敗，往往會把整個企業拖向深淵。或者在實施計劃時對計劃有較大的變更，這會嚴重影響原來的資金周轉計劃，往往會帶來較大的損失。因此在擬訂投資計劃時，事前須要謹慎預測，必須對投資計劃的合理性進行充分的論證。

投資的目的當然是為了取得收益，投資收益可以表現為成本的降低或者銷售收入的增加，也有人把投資分為四種類型的投資。

(1)擴張投資。這種投資的目的是為了擴張目前產品的生產能力或銷售能力。這種投資乃是增加收入的投資類型。因為在收入期限長於支出期限時，銷售的擴大反而會減少資金，因此，這種投資不但本身有較大的支出，而且產品存貨的增加或銷售額的增加也會加劇資金不足的狀況。所以，這種投資往往意味著要向銀行借貸較大金額的錢以彌補資金的不足。

(2)產品投資。這種投資分為開發新產品投資和產品改良投資。開發新產品投資，經營效果非常難預測，往往具有較大的不確定性和危險性。因此，對於此類投資來說，資金來源於累積利潤或股本金比較好。若是上市公司可以走配股籌錢的途徑，但一般企業就不可能有此待遇了。

總之，開發新產品的投資最好不要用貨款來彌補資金缺口，因為投資的風險較大，但對於產品改良投資來說，主要目的是改良產品的性能，或降低產品的生產成本。降低生產成本直接意味著資金的節約，即使不降低成本，產品改良投資的風險性小多了。因此，這時不妨考慮向外借貸以彌補資金缺口。

(3)設備更新投資。設備更新的目的若是為了降低生產成本，那麼風險性較少，可採用向外融資法。若更新設備是為了生產新產品，分析思路與開發新產品投資一樣，最好內部融資。在很多情況下，更新設備是兩個目的兼而有之，這時主要看哪個目的為主，或者考慮同時採用兩種彌補資金不足的方法也是有實際應用意義的。

(4)策略性的投資。所謂策略性的投資，就是投資效果在短期內不明顯的投資，或者是投資效果很難確定的投資。比如：

其一，研究開發投資。在許多企業中設有技術開發部，研發實力往往意味著企業長遠的競爭力。在科技含量越高的行業中，研發部門在企業中的重要性越大。研發工作是從企業的長遠盈利能力中表現出來的，具有較大的風險性，因此，公司應主要從內部融資著想。若研究出新產品，很快就能進入市場化階段，這時向銀行申請貸款的風險小多了。風險投資基金也是公司為開發工作融資可以考慮的方式。

其二，福利性投資。如為員工建宿舍，俱樂部、娛樂場所等。這種投資當然是應在企業利潤豐厚且資金充裕時進行。即使是利潤豐厚，但現金不足，借款進行福利性投資對企業來說是不必要的。利潤豐厚，福利性投資能提高員工士氣，因此從表面上是合理化投資，但這種「合理化」投資帶來的資金是完全不必要的。

其三，縱向一體化投資。有些企業對原物料的依賴非常強，原物料價格及供應量的變化會給企業的穩定發展帶來不利影響。因此，企業為了自己控制原物料的來源，自己投資生產原物料。這種策略性投資能消除企業財務波動性和風險度。所以，這類合理化投資完全可以借款形式進行融資。有些企業對銷售依賴性甚大，因此自己建設完善的銷售網路。道理一樣，這樣的投資引起的資金不足也不可怕。因為從長遠來看，這類投資能提高資金收入的穩定性，因此資金不足時可以大膽借款。

其四，投資計劃在開始制定的時候往往會伴有一個融資計劃。

為什麼「合理」的投資計劃會使資金周轉陷入資金不足的窘境呢？這就是投資計劃的實際實施情況與計劃有差距，從而影響了資金的順利周轉。總體說來，就是資金收入的不確定性和借款還本付息之間的矛盾。原因之一是投資計劃本身的不嚴密性。

在投資計劃中，常見的薄弱環節有：

(1)投資金額的突破。從計劃的起草到確定，往往要花費一段不算短的時間。而這段時間，各種設備的價格，運費的價格等等會發生波動，在通貨膨脹時期更是如此。因此，很可能會出現實際投資突破預算的事情。這時往往不得不增加銀行貸款，但隨之又加重了利息的負擔。在實踐中還存在著這樣一種不良的傾向，就是生產部門為了讓投資計劃易於通過，往往低估投資額，這樣即便投資計劃是不以盈利的，還屬於「合理化投資」，此般低估的後果很可能也會造成資金不足，資金周轉不靈。

(2)忽略了必要的啟動資金。若事先沒有預估到設備進行運轉時需要啟動資金，那很可能會造成資金不足，只能臨時借款，來使設備順利運轉，使產品順利上市。這樣又要增加資金周轉的難度。

(3)忽略了原物料、人工費用的上漲。若企業的商品看俏，那麼企業可以提高商品價格，把價格上漲的負擔轉嫁到消費者頭上。不過在競爭激烈的市場中，企業一般很難使用商品加價。最好挖掘內部潛力，提倡節約，以各種方法降低成本，看看能不能把額外增加的成本從內部消化；如果不行的話，就只能增加借款了。

(4)意料之外的產品價格下跌。由於現代企業競爭格外激烈，計劃時的高利潤專案等到實際運作時可能成為一般利潤標準項目，甚至成為虧損項目。看看目前一般企業不時興起的價格戰，多麼慘烈。不少企業產品「生產之時，就是虧損之日」，一個主要的原因就是產品出來後的價格與制定投資計劃時的價格相去甚遠。因此，產品價格的意外下跌往往會使制定計劃時的「合理化投資」成為企業資金不足的元兇。

☑預估資金的不足

預估資金不足的關鍵在於編制一份高品質的資金周轉計劃。估計資金不足的原理其實很簡單，我們以時間跨度一個月為例，要預測下個月資金是不是充足？只要計算：

本月結餘＋月用預期現金收入－下月預期現金收支＝？

若得數為正，則資金充裕；若得數為負，則資金不足。因此，預估准不准的關鍵就在於下月預算收入估計准不准，下月預期支出准不准。估計現金收支中還要注意一些細節問題。

現金收入的主要來源來自於本月的現金銷售收入和以前收帳款的收現，應收票據到期兌現收入。應收票據兌現指現有未拿出貼現的票據一直持有到期，然後兌現獲得的現金收入。應收帳款的收現形式包括現金、支票，或銀行轉帳的形式。

其他一些現金收入包括企業投資的企業分發的現金紅利，出售有價證券的現金收入，收回對外借款，出售固定資產，等等。

企業的現金收支主要包括企業購貨支付的現金、各項付現費用、利息支出、償還當期借款、購入固定資產的付現支出等。在購貨付現支出中包括現金購貨的支出，應付帳款到期兌現，應付票據到期兌現。應付票據到期兌現記載的不是該月簽發的應付票據款額，而是該月到期的金額。應收票據到期兌現也是如此，記載的不是本月收到的，而是本月到期的票據，不包括本月到期，但已拿出貼現的票據。

各項付現費用包括各項應付現的薪資、獎金、管理費用、銷售費用等。若為了詳細考察各項費用的具體開支情況，可以再細分幾欄，突出支出重點。

透過上面的計算，就大概能算出下個月資金是否充裕或不足。若資金充裕的話，就可以考慮資金運用的問題。若發現資金不足的話，就有了心理準備，可以預先籌畫好周轉資金的方法。

在發現資金發生不足時，穩定的做法是再仔細推敲一遍，看考慮是否全面，有無錯誤的地方；如果一算出資金不足，就立即打算籌措資金，但這種做法未免過於草率。

應該再一次核對資金周轉表中各科目的餘額，在此表中，除了還款金額一般不會變之外，其他項目均有推敲的餘地。在核對各科目的餘額時，並不是簡單的再加減一次。更重要的是看該科目數字本身有沒有問題，估計合不合理，有什麼遺漏。

若企業能事先編好一份資金周轉計劃表的的話，那麼在幾個月之前就可以清楚地瞭解幾個月後的資金周轉情況，瞭解在何時，會有多大的資金缺口，這樣的話，就可以洞燭先機，早謀對策了。

☑盡力彌補不足資金

彌補資金不足的方法，從其資金來源看，可分為內部融資和外部融資，從資金期限來看，可分為短期資金和長期資金。當然，現代金融活動紛繁複雜，還有一些特殊的形式來彌補資金不足的方式。

應該強調的是任何籌措資金的方法均有利有弊，因為如果某一種方法只有利而無弊的話，其他方法早被淘汰了。

從內部融資來看，可用的方法包括企業閒置資產的變賣融資、企業應收帳款的變賣融資、租賃、企業留利、企業折舊資金、經費開支壓縮等。這些方法的好處就在於「求己」而不是「求人」，而且減少了利息支出。但代價是其他方面會有一些損失。如資產的減少，租金價格不低等等。外部融資主要包括銀行借款和利用票據貼現，其實可把票據貼現看成一種向銀行借款的方式，也就是以票據的未來收入為擔保的銀行借款。向銀行借款的好處是金額大，期限較長，而且只要銀行對企業有信心，這種方法可經常使用，且不影響企業的控制權。但不好的地方就是手續繁雜且有還本付息的壓力。

當然，發展迅速的企業可以考慮增加資本。資本是不用還本付息的，但會影響企業的控制權，股票上市融資也一樣。而且股票上市對於大多數企業來說是可望不可及。企業債券本來是企業主動向外借款的主要方式。但是，目前企業債券市場發展並不良好，只有少數大型企業，有資格使用這一工具。而且發行債券怎麼說都是有還本付息的壓力。

對於每種籌措資金的方法來說，其難易程度，獲得資金金額的大小，及各自的利弊得失均是不大相同的。因此，要根據資金不足的原因，及不同的具體情況，深思熟慮，再選擇最合適的融資方法。

一般在資金不足的情況下，利用票據貼現是常用的資金周轉方法。只要在銀行給企業規定的貼現限額之內，票據貼現一般是不會遭拒絕的。在企業蒸蒸而上、業務擴張極快帶來的資金不足時，向銀行申請短期貸款發放薪資、獎金也是常有的事。這兩種融資方式在通常情況下都是比較容易利用的。

但有一些融資方式並不是什麼時候都易於利用的。例如出售廠房、土地融資時，若是房地產業景氣時期，脫手是較容易的；相反，若是在房地產市場低迷時期，脫手就不那麼容易了。因此，如果計劃利用房地產融資，就需要提前估計房地產市場了；並且，在一般人的想法，資金周轉是財務部門的事，這也增加了資金周轉的難度。

融資方式主要由財務部門來執行，如向銀行借款、票據貼現等。但也有許多融資方式的執行部門是其他部門，例如要求客戶縮短應收票據的期限，這個就是屬於銷售部門的職責了。削減過多存貨的任務，就是生產部門的職責。節約開支，則是各個部門的職責。至於另一些融資方式，那只有企業的領導層才有權確定，例如，增資擴股或引入風險投資基金等。當然，各部門一般傾向於把資金周轉的責任推開，把它只當成財務人員的份內之事。

其實，資金周轉應該是企業經營者非常關注的大事。因為資金靈活周轉需各部門協調，只有企業經營主管者協調各部門的工作才方便一些、有效一些。

要及時有效的彌補不足，關鍵之一是提前看出問題，第二就是及時召集各部門的同事共同協商對策。對財務部門或企業經營者來說，資金周轉靈活與否，主要看各部門協商得怎麼樣，為企業整體利益的努力程度怎麼樣。有責任向各個部門宣傳資金順利周轉的一些知識和融資的一些方法，讓雙方加深瞭解，互相理解，這樣有利於部門間的協調和合作，甚至可以積極指導各部門採取有效措施「增收節支」。

☑應付突發性支出

不論制定怎樣周密的資金周轉計劃，偶爾也會有迫不得已、突發性的支出。突發性的支出包括：

(1)一貫的賒購由於某種原因變成現金交易，被迫支付現金。

(2)低估應交稅金，而稅收部門發現的徵稅數額大於企業的估計數。

(3)員工辭職或辭退，與其結清應付薪資、獎金而發生的支出。

(4)其他支出。

應付突發性支出，要處變不驚，沉著應付。一般說，此類支出金額均不大，對資金周轉只會有短暫的衝擊。為了應付突發性支出，還有以下一些應付之策。

(1)在銀行的活期存款帳戶多留一些資金，也就是說保留多一點的周轉資金。

(2)不要把票據都貼現完，也不要把票據貼現額度都用完。這樣隨時能將票據貼現，支付突發性的資金要求，這種方法與第一種方法是相互替代的方法。也就是說存款多了，票據與票據空檔就可以少保留一些。同理，若票據與票據空檔保留多一些，則存款可以保留少一些。而且在票據貼現時，應把到期日在月初的票據先貼現出去，這樣票據到期後，在月初就會出現貼現空檔，而留出多一些的貼現空間對於以後的資金周轉是有所幫助的。

(3)在公司內部建立一套「快速反應機制」。因為突發性支出往往牽扯其他部門的事，有些事並不是財務部門所能做主的。而且，很多突發性支出不僅是付款就能了事，往往需要企業負責人定奪。若企業經常碰到突出發性支出時，很有必要建立一個快速反應機制。當然，所謂突發性支出，指的是偶爾才有的支出。在一些特殊的企業中或企業規模大了之後，突發性支出也就是無規律性支出可能頻繁，就如一個人生病的時候是少數，但在一個很大的家族中，那往往不是這個人病了，就是那個人病了。

總體說來，突發性支出會造成對資金正常周轉的衝擊，但並不可怕，只要平時有心理準備，建立一套「反應機制」（如向誰匯報，誰有權決定等規則），在資金周轉上留有餘地，準備好對策，這樣就可以處變不驚了。

第四節 投資的基本理念

一、企業投資的分類

投資是任何企業持續發展的永恆主題。因為沒有投入就沒有產出，從某種意義上說，資本經營就是資本經營主體把資本轉變為資本要素，並用於建設、形成資產的階段，就是對資產投資的選擇，實際上也就是對資本投資回報的選擇。

投資決策是資本運用階段的一個重要環節，其決策正確與否直接關係到資本經營的成果。投資決策首先要根據企業的發展策略，尋找投資機會，確定投資方向以及確定各種投資方式的結構。

按照不同的標準，企業的投資可以進行以下分類：

☑按投資時間長短可分為長期和短期投資

此種分類一般情況下是以一年或者是一個營業週期作為界限。

(1)長期投資。指在一年或者一個營業週期以上才能收回的投資，主要是對廠房、設備以及無形資產的投資，也包括一部份長期佔用的流動資產上的投資和時間在一年以上的證券的投資。由於在長期投資中固定資產投資所占比重最大，因此，有時稱長期投資為固定資產投資。

固定資產的投資是為擴大企業生產經營能力進行的。與短期投資相比，長期投資的特點是：投資所需的金額大，長期投資對企業的財務狀況、資金結構會產生極大的影響；回收時間長，長期投資項目的回收期都在一年以上，而且一些大專案需要十幾年甚至幾十年才能收回投資；變現能力弱，長期投資決策一旦實施，如果企業要改變投資方向，收回投資，那是相當困難的；發生次數少，企業固定資產的投資次數一般不多，尤其是投資額在幾百萬元以上的項目，不是每年都發生的；風險大，由於長期投資回收期長，投資者對專案實施過程中可能發生的意外，以及投資後的收益等是很難預測準確的。

由於長期投資有以上特點，所以在進行長期投資決策時需要作詳盡的分析，以科學的方式進行論證，並要按程式進行投資管理。一般情況下，長期投資的基本程式包括以下步驟：

第一，投資規模較大的專案一經提出，就應組織有關各部門的專家對投資項目進行可行性研究，投資規模較小的長期投資專案，一般由部門經理提出。

第二，對投資專案進行評估，評估過程通常如下：

——估計投資方案的未來現金流量。

——根據未來現金流量的機率分佈資料，預計未來現金流量的風險。

——確定資金成本率。

——運用適當的折現率計算未來收入的現值。

(2)短期投資。指可以在一年或者一個營業週期以內收回的投資，主要包括現金、有價證券、應收帳款、存貨等流動資產。短期投資亦稱為流動資產投資。

流動資產的投資與長期投資相比，其特點是：需要資金數量較小，不會對企業的財力及財務狀況造成大的影響；回收時間短，通常可一年內透過銷售收回；變現能力較強，如果企業在短期內急需資金，可以透過轉讓、貼現、變賣等手段將投資在有價證券、應收票據、存貨等方面的資金變為現金，以解燃眉之急；投資發生次數頻繁，企業通常在一個月內就發生數次；短期投資波動較大，短期投資會隨企業經營情況的變化而變化，時高時低；風險較小，短期投資一般在一年內即可回收；而人們對短期預測的準確程式遠遠高於長期預測的準確程式。

短期投資的以上特點決定其程式也比較簡單，一般不用考慮資金的時間價值因素和風險因素，也不需要花很大的人力、物力對每筆投資進行周密的調查、分析，研究。一般說來，應按以下程式進行短期投資管理：

第一，由基層管理人員根據營業需要提出投資方案。

第二，由企業CFO對投資的成本和收益進行分析，如果收益大於成本支出，可接受投資方案，進行投資；如果成本大於收益，則應拒絕該投資方案。

第三，投資方案實施後，對投資結果做出結論，為企業今後的短期投資決策累積經驗。

☑按投資的性質可分為生產性資產投資和金融性資產投資

生產性資產投資包括以下幾種：與企業創建有關的原階始性投資，如建造廠房，購置機器設備、原物料等；與維持企業現有經營有關的重置性投資，如更新已老化或損壞的設備而進行的投資；與降低企業成本有關的重置性投資，如購置高效率設備替代雖能使用但效率低的設備進行的投資；與現有產品和市場有關的追加性投資；為增加產量、擴大銷售量所進行的投資；與新產品和新市場有關的擴充性投資，如為新產品和新生產線，開拓新市場進行的投資。以上生產性資產投資，需要企業決策者首先提出各種可供選擇的投資方案，然後利用一定的投資決策方法從中選擇最佳方案。在實際工作中，可能會對設備進行一定改造，以達到適當擴大規模的目的，這樣就同時會有重置性投資和追加性投資。

金融性資產投資，即證券投資，包括對政府債券、企業債券、股票、金融債券及票據等的投資。

☑按對未來的影響程度可分為策略性投資和戰術性投資

策略性投資是指對企業全域及未來有重大影響的投資，如對新產品投資、轉投資、建立分公司，等等。這種投資往往要求投資金額大，回收時間長，風險程度高；因此，要求從方案的提出、分析、決策到實施都要按嚴格的程式進行。這種投資並不是CFO一個人能夠完全決定得了的。

戰術性投資是指不影響企業全域和前途的投資，如更新設備，改善工作環境，提高生產效率等的投資。這種投資額一般投資量不大，風險較低，見效較快，而且發生次數比較頻繁。因此，一般由企業的部門經理經過研究分析後提出，經過批准即可實施，不必花很多的研究、分析費用。對於此類投資，作為企業的CFO有權直接進行決策。

☑按投資的風險程度可分為確定性投資和風險性投資

確定性投資是指風險小、未來收益可以預測得比較準確的投資。在進行這種投資決策時，可以基本不考慮風險問題。

風險性投資是指風險較大，未來收益難以準確預測的投資。大多數策略性投資屬於風險性投資，在進行決策時，應考慮到投資的風險問題，採用科學的分析方法，以做出正確的投資決策。

☑按投資發生作用的地點可分為企業內部投資和對外投資

企業內部投資是指把資金投入本企業的生產經營。企業對外投資是指把資金投入其他企業，其目的是為了獲得投資收益或控制其他企業的生產經營。這種投資或以現金、存貨、固定資產和無形資產等多種形式進行。

二、進行投資決策必須遵循的原則

(1)科學性原則。投資決策作為實施投資活動的綱領和依據，其品質高低直接關係到企業投資活動的成敗與效益高低，甚至決定著企業的存亡。因此，必須強調其科學性，所謂科學性是指企業CFO必須掌握投資活動的規律性，採用科學的決策程式和方法。

投資活動和其他經濟活動一樣，具有一定的規律性。比如，企業資本投資目標效益要與動態市場需求相適應和平衡；與企業的財力、物力、人力相適應和平衡；要掌握和運用大量相關可靠的資訊；在空間部署上慎重考慮未來市場的走向與容量；要確保達到投資的預期效益目標，必須合理確定主體專案與配套專案；以及技術工藝，產供銷各環節之間的協調性，做到同步建設，等等。總之，投資決策必須按規律辦事，這是正確決策的前提。如果投資的科學性把握得不好，就會造成決策失誤，嚴重的甚至會造成公司倒閉。

(2)完整性原則。投資決策要解決的問題十分繁雜，不僅要考慮各種目標和策略問題，也要考慮一系列戰術問題，確定處理各種關係、矛盾的準則與措施。即必須全面考慮各種經濟、技術、社會、自然因素，注意其內部的完整性。缺乏系統、不完整的投資決策，不僅會使未來的投資實施過程在面臨某些矛盾時缺乏處理依據，無所適從，而且還會動搖投資決策總體方案的可靠性。例如，投資專案規模的確定，除了應考慮市場需求外，還要考慮企業的籌資能力、原物料供應、廠址、交通運輸條件以及其他相關外在因素，假定對項目所在地緊張的交通運輸能力未作充分考慮，則所確定的專案規模就會偏大，由此又會導致相應的設備購置規模和勞動人員編制偏大，造成整個決策方案不可靠。項目生產後，便會出現生產能力閒置，產品積壓或停工待料現象，從而成為導致企業今後生產經營過程不暢的隱患，預定的決策目標將無法實現。由此可見，決策中遵循完整性原則顯得十分重要。當然，對於不同的問題，在決策的深度上可以有所不同。

(3)政策性原則。企業作為微觀經濟組織，在作投資決策時，一方面應當考慮本身的經濟利益，另一方面也應當自覺地使自身的投資行為與宏觀經濟政策的要求儘可能保持一致。例如，當宏觀投資政策帶有明顯的產業傾向性時，企業在選擇投資領域時應當自覺排除國家限制發展的那些產業領域。這並不是說，企業投資可以不考慮自身的微觀利益，事實上，在符合宏觀投資政策要求的範圍內，仍然存在著可以實現企業利益的大量投資機會。違背宏觀投資政策要求的企業投資活動存在著較大的風險，因為這種投資在實施過程中不可能得到政府的支援，在全社會投資規模受國家計劃控制的背景下，甚至可能根本無法立即實施，或在實施過程中被強制緩建。此外，宏觀投資政策限制的產業往往也是市場前景、社會經濟效益不佳的產業，政府透過投資政策明確限制某些產業的發展，本身也是政府對投資主體提供的一種投資資訊指導。因而假定其他條件不變，違背投資政策要求而行的企業投資決策，實施中通常也會面對較強的經濟風險，至少從總體和長遠的角度看將是如此。

(4)嚴肅性原則。企業的投資決策必須保持其嚴肅性。首先，這種嚴肅性是指決策態度和決策程式的嚴肅性。無論是總體決策、策略決策，還是局部決策、戰術決策，都不能草率馬虎。對策略性的重大決策尤其要謹慎、認真地進行，要有嚴格的程式規定和監督約束，不能隨意應付，輕意定案。實踐中，投資決策非程式化、隨意性的現象並不鮮見。企業投資決策者僅憑自己的意願和經驗，主觀臆斷，草率決策，匆匆上專案，是導致許多企業投資失敗的重要原因。其次，這種嚴肅性要求還呈現為決策方案必須得到嚴格的貫徹執行，即決策要有高度的權威性，一旦定下來，就應當具有強制力，執行時不得隨意背離。事實上，不被遵守，缺乏強制力的決策等於一紙空文。當然，這並不包含根據變化了的情況適時對決策方案加以修正、完善。

三、投資決策的常用方法

選擇客觀、適當的投資決策方法是正確進行投資決策的前提。我們所提到的投資決策方法是指評估和分析投資方案的經濟效益，並依據經濟效益的大小選擇投資方案的方法。投資決策的方法多種多樣，它們對投資方案評估和分析的角度和標準各不相同，得出的結果也往往相異。因此，投資決策的正確與否在一定程度上取決於方法選擇是否客觀和恰當。目前，公司投資決策常用的決策方法主要有兩種：靜態分析方法和動態分析方法。

投資決策的靜態分析法是按照支出、收入、利潤和資金佔用、周轉等方面的傳統會計觀念，以公司投資的經濟效益進行評估和分析的方法，所以又稱為投資決策的會計方法。

按照傳統的會計觀念，以貨幣為統一尺度計量的金額收入或支出，不論發生在何時，其經濟價值是相同的。也就是說，現在發生的資金支出和墊付資金，可以用若干年後取得的收入來直接予以補償。如果兩者的數額相等，就認為並無任何損益。若取得的收入大於過去的支出，其超出部份就被認為是利潤，反之，則認為是發生了虧損。

因此，按傳統觀念來評估和分析投資的經濟效益，不需要考慮現金收入和現金支出的時間性，因為任何時期的現金流入或流出都可以相加或相減。由此可見，投資決策的靜態分析方法實際上將財務會計中關於損益計算的原理和方法，應用於投資決策分析中，靜態分析法主要有回收期法、投資報酬率法等。

公司投資決策的動態分析法是依據貨幣時間價值的原理和方法，將投資不同時期的現金流入和現金流出按某一可比基礎換算成可以比較的量，據以評估和分析投資效益的方法。在動態分析法下，投資在不同時期的現金流量不能簡單相加或相減，只能透過一定的方法將其換算為可比值。換算的基礎可以是現值也可以是最終值。因為投資決策的動態分析方法考慮了貨幣時間價值這一重要因素，所以和靜態分析法相比，它更客觀、更精確。目前，公司投資決策常用的方法多是動態分析方法。動態分析方法具體又分為現值法、等值法和終值法。現值法是公司投資決策常用的方法，它是按貨幣具有時間價值的觀念，將一項投資引起的全部現金流入和現金流出，均按某一投資報酬率（或是投資的必要報酬率或是投資的內含報酬率）換算為相當於投資開始時的現值，然後在此基礎上，分析和評估投資效益的方法。具體又分為淨現值法、現值指數法、現值回收期法、內含報酬率等。

☑投資回收期法

投資回收期是指回收某項投資所需的時間（通常為年數）。這是一種根據重新收回某項投資金額所需的時間來判斷該項投資方案是否可行的方法。一般而言，投資者總是希望儘快收回投資，投資回收期越短越好，這同時也說明了回收期越短，該項投資所謂的風險程度就越小。

運用投資回收期法進行決策時，應當首先將投資回收期同決策者主觀上的期望投資回收期相比較：如果方案的投資回收期小於期望回收期，可接受該投資方案；如果方案的投資回收期大於期望回收期，則拒絕該投資方案。其次，如果同時存在數個可接受的投資方案，則應比較各個方案的投資回收期，選擇回收期最短的方案。

由於方案的每年現金流量可能相等，也可能不等，投資回收期的計算方法有以下兩種：

(1)每年的現金流量相等。

其計算公式為：投資回收期＝原投資金額÷平均每年的現金淨流量。

(2)每年的現金流量不相等。如果每年的現金流量不相等，就需要運用各年年末的累計現金淨流量的方法計算投資回收期，直到累計現金淨流量達到投資額的那一年為止。

☑平均報酬率法

平均報酬率是指一個投資方案平均每年的現金流入或淨利潤與原始評價方案優劣的一種方法，平均報酬率越高，說明獲利能力越強。平均報酬率的計算公式如下：

平均報酬率＝年均現金淨流量÷原投資金額×100％。

進行決策時，首先應將平均報酬率與決策人的期望平均報酬率相比較，如果平均報酬率大於期望平均報酬率，可接受該項投資方案；如果平均報酬率小於期望平均報酬率，則拒絕該方案。

若有數個可接受的投資方案供選擇，則應選擇平均報酬率最高的投資方案。

平均報酬率的優點是簡明、易算、容易理解，克服了投資回收期法的第一個缺點，即考慮了整個方案在其壽命週期內的全部現金流量。但其缺點也是很明顯的，和投資回收期法一樣，沒有考慮資金的時間價值。另外，它還失去了投資回收期法的一些優點，如不能說明各個投資方案的相對風險等。

☑淨現值法

淨現值是指一項投資的未來報酬總現值超過原投資額現值的金額。

以淨現值法進行投資決策分析時，一般按以下步驟進行：

(1)預測投資方案的每年現金淨流量。

每年現金淨流量＝每年現金流入量＝每年現金流出量。

(2)根據資金成本率或適當的報酬率將以上現金流量折算成現值。如果每年的現金流量相等，按年金複利折成現值；如果每年的現金淨流量不等，則按普通複利分別折成現值並加以合計。

(3)將方案的投資額也折算成現值。如果是一次投入，則原始投資金額即為現值；如果是分次投入的，則應按年複利或普通複利折成現值。

(4)以第二項的計算結果減去第三項計算結果，即可得出投資方案的淨現值。若淨現值為正值，說明可接受此方案，若淨現值為負值，則應拒絕此方案。

淨現值法是建立在資金的時間價值基礎上的一種方法，因此，必須把未來增加收益的總金額，按照資金成本率或適當的報酬率折算成現值，再與投資的現值進行比較。再者，企業投資的總價值是企業各個投資方案的個體價值之和，如果選擇的投資方案的淨現值是零或是負數，採用該方案後，企業的財富非但不會增加，還可能還會減少；反之，如果採用的是正淨現值的方案，則會使企業的財產增加。

☑現值指數法

現值指數是指投資方案未來報酬的總現值與投資額現值的比率，它用來說明每元投資額未來可以獲得的報酬的現值有多少。現值指數與淨現值法的不同之處在於：現值指數不是簡單地計算投資方案報酬的現值同原投資額之間的差額。現值指數法，是根據各個投資方案的現值指數的大小來判定方案是否可行的一種投資決策法，比起淨現值法，它使不同方案具有共同的可比基礎。

現值指數的計算公式為：

現值指數＝未來報酬的總現值÷投資金額的現值。

進行投資決策時，如果現值指數＞一，可考慮接受該方案；如果現值指數＝○或＜一，則拒絕此方案；如果要從幾個可接受的方案擇一，應選擇現值指數最大的方案。

☑內部報酬率法

內部報酬率法是指一項長期投資方案在其壽命週期內按現值計算的實際投資報酬率。這個內部報酬率是一個能使該投資方案的預期淨現值等於零的折現率，即根據這一報酬率對投資方案的每年現金流量進行折現，此時：

投資成本的現值＝投資收益的現值

內部報酬率法就是透過計算各投資方案的內部報酬率，看其是否高於企業的資金成本的一種方法。若高於資金成本，就可接受該方案；否則，應該拒絕。若同時有幾個可接受的方案，以內部報酬率最高的為優。

確定投資方案的內部報酬率，主要有驗誤法和圖解法兩種。由於圖解法很少使用，所以這裡只介紹驗誤法。

驗誤法的具體步驟如下：

先估計一個折現率，再用此折現率來計算投資方案的淨現值（各期現金淨流量的現值和期末殘值的現值）。比如，先以十%作為投資方案的資金成本來折算該方案的淨現值，再看其淨現值是正數、負數還是零。如果淨現值為正數，說明估計的十%這一折現率小於該方案的實際投資報酬率，因此，必須提高折現率（如十二%、十五%……），再重新計算淨現值；如果淨現值為負數，則說明這一折現率大於該方案的實際投資報酬率，應降低折現率並重新計算淨現值；重複以上步驟，一直找出一個可使淨現值為零的折現率為止。如果不可能找到一個恰好使淨現值為零的折現率，則應找出兩個相鄰的折現率使淨現值和淨現值率接近於零，且一個高於零，另一個低於零。

(6)淨現值、現值指數和內部報酬率三種方法的比較

讓我們先來看一下淨現值法和內部報酬率法的異同：

在多數情況下，運用淨現值法和內部報酬率法這兩種方法所得出的結論是相同的，但在以下兩種情況下則會產生差異：

(1)原始投資不同，一個項目的投資額大於另一個項目的投資額。

(2)現金流入的時間不同，一個在前幾年流入較多，面另一個則在後幾年流入較多。雖然在這兩種情況下使兩種方法產生了差異，但引起差異的原因是一致的，即兩種方法假定中期產生的現金流量進行再投資時，會產生不同的報酬率。淨現值法假定產生的現金流入量重新投資會產生與企業資金成本相等的報酬率；而內部報酬率法卻假定現金流入量重新投資產生的利潤率與該專案的特定的內部報酬率相同。

下面再來比較一下淨現值法與現值指數法。

淨現值法與現值指數法使用相同的資訊，因此，得出的結論常常是一致的。但是當原始投資不相同時，有可能會得出相反的結論。

(7)資本限量決策

所謂資本限量，即沒有足夠的資金，因而不能對所有可接受的專案進行投資。在資金限量的情況下，一般為使企業獲得最大的收益，應把資金投到一組淨現值最大的項目上，一般可利用淨現值法和現值指數法。

(1)運用現值指數法的具體步驟：

第一步，計算所有投資方案的現值指數，並列出所有方案的原始投資。

第二步，接受現值指數大於一的項目，如果所有可接受的專案都有足夠的資金，則說明資金無限量，決策即可完成。

第三步，如果資金有限量，則對第二步進行修改，即對所有項目在資本限量內進行各種可能的組合，然後計算各種組合的加權平均現值指數。

第四步，接受加權平均現值指數最大的一組項目。

(2)運用淨現值法的具體步驟：

第一步，計算所有投資方案的淨現值，並列出所有方案的原始投資。

第二步，接受淨現值大於零的項目，如果資金無限量，決策即可完成。

第三步，如果資金有限量，則更正第二步，更正過程是對所有項目都在資金有限量內進行各種可能的組合，然後，計算各種組合的淨現值總和。

第四步，選擇淨現值總和最大的一組投資方案。

(8)具有不同年限項目的投資決策

在投資決策的評價中，一般都會涉及兩個或兩個以上年限不同的投資方案的選擇，由於它們之間具有不同的使用年限，因此，對它們不能直接用淨現值、現值指數和內部報酬率進行比較和選擇。為使它們之間具有可比性，必須使它們在相同的使用年限內進行分析。

第五節

實用的投資技巧

一、科學地選擇投資專案的規模

投資規模是指透過投資所形成的專案生產經營規模。企業在確定投資專案的規模時，需要考慮到多方面的因素。投資專案的規模合理與否，取決於是否遵循了客觀規律的要求，科學地擇定投資專案的規模，應當重點把握下面幾條原則：

☑與市場供需狀況相適應

生產經營規模反應了企業可以提供的市場供給能力。這種供給能否充分實現，首先要看市場對其供給的需求狀況。如果市場上對企業投資項目所形成的產品需求量較大，則專案的規模便可以安排得大一些。相反，則專案的規模就不能太大，甚至項目本身就沒有投資建設的必要。

一般來說，市場對某種產品的需求總是由若干個企業分別滿足的。企業在確定投資專案的規模時，不僅要考慮對項目產品的總需求量，還須同時考慮該種產品在市場上的總體供給情況，考慮在競爭的狀況下自身能夠佔有多大的市場比率，以及競爭對手的強弱，等等。尤其需要重視的是，無論是研究市場需求，還是市場供給，都必須從動態的角度進行。這是因為，透過投資形成某種生產能力即特定的市場供給能力是需要時間的，而且其形成後還將在相當長一個時期內發揮作用。這就涉及到對市場供需長期趨勢的預測。

☑符合規模經濟的要求

規模經濟是一個與生產規模有著密切聯繫的概念。它指是由企業生產規模的差異而呈現出的經濟效益差異。作為一種理論，它研究的是什麼樣的生產經營規模能夠取得最佳經濟效益的問題。由於企業的投資活動必然會使其原有的生產規模發生變化，而規模與效益存在著密切的相關性。規模選擇不當，就可能無法實現投資效益要求，甚至可能導致負面效益。所以，在投資專案規模決策過程中，應當充分考慮規模經濟理論的要求。

從事不同生產內容的企業，其規模經濟標準是不同的。一般說來，像鋼鐵、煤礦、石油、汽車、化工之類的重型企業，其單一企業必須具備較大的規模才有可能獲得理想的經濟效益；而輕工業雖然大多數都需要達到相當規模，但這種要求並不十分突出。少數行業，特別是那些以勞動為主，消費對象較少或很不穩定的行業，其單一企業就不要求，甚至不允許擴充太大的規模。總之，對於投資專案的規模大小應作具體分析。

☑與籌資能力相適應

專案規模越大，對企業籌資能力的要求也越高。或者說，如果企業的籌資能力較強，則投資專案的規模就有條件安排大一些；反之，則應安排小一些。

一個企業的籌資能力強弱，主要決定於以下因素：

(1)企業的經濟效益高低。企業籌措資金時，最有把握的管道是動員自有資金，而自有資金的多少，又取決於其生產經營效益的高低。經濟效益高，企業在繳稅金，支付股東紅利後則可以獲得較多的留利，從而能從事更多地進行內部融資，掌握融資過程的主動權；反之，經濟效益不佳，企業盈利及留利標準甚低乃至虧損，籌資就只能主要或完全依賴外在管道，自然就較為被動。

(2)資金市場的發達程度。多數情況下，企業投資需要依賴外在管道籌資，而外在籌資一般需要透過資金市場進行，因此，有無完備的資金市場，便成為決定企業外在籌資能力的重要因素之一。

(3)企業的資信。即企業的資力與信用，這也是決定企業對外籌資能力強弱的一個重要因素。企業的資力主要透過企業的經濟技術實力、管理標準等呈現出來。企業的信用則呈現為企業的各種經濟行為尤其是信用行為所達到的社會信譽標準。一般而言，企業資信較佳，其籌資能力就較強，反之則相反。

(4)國家貨幣政策的寬鬆程度。貨幣政策是國家對總體經濟運作過程進行調控的基本手段之一。一般來說，當經濟增長速度過快，投資規模過大，以致出現或面臨通貨膨脹時，國家將採取緊縮的貨幣政策，以提高信貸利率，控制信貸投放，提高存款準備金率，而當經濟處於不景氣狀態，投資需求不高，國家將採取寬鬆的貨幣政策，以擴大信貸投放規模，降低信貸利率，降低存款準備金率，進行公開市場買入操作刺激需求。在前一種情況下，企業的籌資能力無疑將被削弱，而在後一種情況下，企業的籌資能力可能增強。

☑與生產要素的持續供給條件相適應

項目建成生產後，要充分發揮其生產能力，就需要在其壽命期內有穩定而充足的原物料、燃料、動力等生產要素的供給，否則，未來的生產過程將時斷時續，經常出現生產能力閒置現象，企業的經濟效益便會受到損害。一定的投資專案規模即某種未來的生產能力，只有在能夠為市場充分吸納的情況下才可能是合理的。市場預測在企業投資專案規模確定中具有關鍵的意義。一般來說，企業在為選擇投資專案規模或為選擇投資方向進行市場預測分析時，應著重考慮以下因素：

(1)專案產品的消費對象。除某些生活必須品外，大部份產品都有其特定的消費對象。例如，化妝品的消費對象主要是女性。進行市場預測，首先必須確認產品的消費對象，以及在什麼樣的範圍內的消費對象，以誰為主要消費群等問題。這是市場預測的基本點。

(2)項目的產品的價格標準與消費者的收入標準。市場需求總是與商品價格和消費者收入標準直接相關的。經濟學理論認為，需求存在這樣一條規律，即當某種商品價格下降時，消費者對這種商品願意並有能力購買的數量通常會增加，相反，當某種商品的價格上漲時，消費者對它的購買欲望與購買能力一般會下降。也就是說商品價格標準的高低與消費者對它的需求量呈反向變動關係。

需求還取決於消費者收入標準的高低。在價格標準不變的情況下，消費者收入標準提高，其對商品的需求自然也會增加。不僅如此，消費者還會因收入增加而進一步擴大對商品的選擇範圍，並使不同商品的需求價格彈性發生某種程式的變化。

總之，必須把產品價格標準與消費者收入標準結合起來考慮。

(3)專案產品在其經濟壽命週期中所處的具體階段。每一種產品都有自身的經濟壽命週期。一般來說，一種產品的經濟壽命週期包括四個階段，即投入（導入）期、成長期、成熟期、衰退期。在投資項目建設期間，特別是在項目生產後發揮作用的期間，主要產品究竟處於其經濟壽命週期的哪一階段上，對專案投資規模（包括投資方向）的確定是有重要指導意義的。

(4)項目產品的社會擁有率及產品的耐用程度。項目產品已經達到的社會擁有率，是預測產品何時達到消費飽和程度所必須掌握的基本資料。尤其是質優耐用消費品，更新替換的週期較長，一旦達到基本飽和，市場需要通常就不再上升，而會趨於下降。

(5)人口的數量、結構變動趨勢。在對項目產品進行市場項目預測時，必須充分考慮到人口的變動趨勢。首先要考慮人口數量變動趨勢。人口數量增加就意味著產品的市場需求增加。其次，對於企業來說，更應重點分析人口結構的變化趨勢。包括年齡、性別、文化、分佈等各種意義上的人口結構動態，由此匯出需求結論。確定專案規模時，企業就應考慮項目產品是否與這種人口變化趨勢相適應，如果是這樣，則專案規模自然可以擴大一些，反之，則應縮小一些。

(6)替代產品的發展趨勢。有許多產品，在其使用功能上是可以相互替代的。例如，木制傢俱與鋼制傢俱、瓦斯廚具與電器廚具等，其功用均可互相替代，尤其是在收入、價格、消費心理發生較大變化的情況下，這種消費替代現象就更為常見。而替代產品的出現和銷售熱潮，必然在一定程度上使擬建專案產品的需求受到抑制。

(7)企業在競爭中可能占到的市場比率。一定產品的總需求量，一般都會有多個供給者。所以，企業在進行投資方向和投資規模決策時，必須研究市場競爭的狀況和趨勢。首先，要瞭解已經有和將要有哪些競爭對手，並研究競爭對手的情況；其次，要分析自身在這一動態競爭環境中所處的地位，比較自身與競爭對手的條件，如生產成本的高低，資源取得的正確性，價格水準，品質與信譽的高低，以及銷售力量與管道等。弄清自己在市場上究竟可能占到多大的供給比例，並以其作為確定專案規模的基本依據之一。

☑企業投資專案規模的確定過程

企業投資專案規模的確定過程，就是根據專案規模選擇的各項決定性、限制性因素，確定專案最佳經濟規模的過程。理想的專案規模，應該是投入最少、產量最多、盈利最大、建設與生產經營條件均有充分保證。它的確定，一般可按如下步驟進行：

(1)測定專案可能達到的最大生產規模。這一工作的目的，就是要找到投資專案的規模上限。企業要綜合專案產品的市場需求情況。競爭能力、籌建能力以及原物料、能源、通信運輸和其他合作配套條件，來確定專案的最大規模。一般來說，項目的最大規模是在市場需求預測基礎上，做了若干必要扣除後所得的一種可行的生產規模。

(2)測定專案必須達到的起始規模。即擬建專案在正常的生產技術條件下，採用選定的產品生產工段流程而不至發生虧損，能使設備負荷充分化的最小的合理生產規模。確定專案的起始規模，也就是確定專案規模的下限。該規模起碼應滿足兩個要求：一是必須保證不發生虧損。起始規模作為一種可考慮的最小規模，應該大於或等於損益平衡點的規模。二是必須使按照產品正常生產需要所選定的設備能夠充分負荷。只有這樣，形成的生產能力才不至發生嚴重閒置，必要的經濟效益水準才有保障。

(3)確定專案的經濟規模。最大化生產規模的測定給出了專案規模的下限，由此，便給項目界定了一個可行規模的選擇區間。最後一項工作便是確定專案的經濟規模，即最理想的規模了。一般情況下，起始規模不會是專案的經濟規模，而最大化生產規模有可能同時是經濟規模，但也不完全盡然。不過，有一點可以明確，專案的經濟規模必定在於其可行規模區間的某一點或某一段上。

二、建立資本經營思想，實現資本的最大增值

資本經營包含兩層含義：一是從企業經營管理角度看，是指把加入企業活動的每一種資源、每一種生產要素都看作是要求增值的價值，必須透過各種有效方式進行營運，實現其增值的目的；二是從宏觀層次的資源配置角度說，資本經營是指一切社會資源、一切生產要素都是作為資本，即能夠增值的價值進入市場的，都是帶有增值的目的在市場上與其他要素發生關係的。一切社會資源、生產要素作為潛在的資本，能否變為可增值的活化資本，取決於它們能否進入到一個能夠增值的資本結構中去。其增值能力大小取決於其所進入的資本結構的優化程度。進行資本經營的任務就是要把互不關聯的各種資本要素組織到一個個具體的資本結構中去，並優化資本結構，實現資本增值的目的。

☑資本經營的內容

(1)資本的組合形式。資本經營的一個極其重要的功能，就是能夠把無數財產關係、利益關係不同的出資者集合在一塊，形成一個利益共同體。使一個企業內也可以有多

種經濟成分並存，以此促進企業生產力的提高、競爭力的加強，進而獲取資本增值的最大化。

資本主體的多元化，就是要在一個企業中使各種資本相互參與，變成一個有著共同利益目標的整體。

(2)資本的管理方式。在資本經營中，出資者以各種形式對企業的投資和投資收益所形成的財產通常表現為價值形態，即使是有的用實物形態（如土地）出資，也要折合為價值形態，出資者的出資一旦在企業形成法人財產，其中相當一部份就要轉化為實物形態，如企業修建的廠房或購進的設備。

在一般條件下，資本的實物表現形態與價值表現形態是統一的。但在特定的條件下，資本的實物表現形態和價值表現形態又可以發生分離。資本的實物表現形態的變化並不意味著價值表現形態的變化，資本的價值表現形態的變化也並不意味著其實物表現形態的變化。

就是說，在資本經營中，出資者著重的是資本的價值形態，即資本的保值、增值及其由此而產生的收益，當出資者對自己投入的資本的價值的保值、增值失去信心，或者認為在別的企業投資能夠獲得更大的回報，他就有權並且是只有他自己才有權決定將持有的價值形態的產權轉讓出去，並用轉讓產權所獲得的貨幣去選擇新的方向，進行再投放。因此，在資本經營中，作為出資者對企業資本的管理僅僅是表現為強化對資本的價值管理，而絕不是實物管理。其管理內容包括資本的方向和投量，優化資本結構，處理好資本的投入產出關係及其相應的資產經營考核指標體系和監督約束等等內容的制度建設上。

(3)資本的經營方式。經營企業就是經營資本，企業只是載體，資本才是本質。資本增值、盈利的最大化，是任何一種類型的企業的共同目標。

實行資本經營，就是要承認資本在企業發展中的巨大作用。無論是出資者還是經營者，其目標是共同的，都要追求資本增值和盈利的最大化。

為了實現資本增值和盈利最大化的目標，無論是從全社會的角度來看，還是從單一的企業來看，所有的投資者都要把自己的投向擺在那些社會最需要、效益最好的部門、行業或產品上去。

對單一的企業來看，這種以追求增值最大化為目標的方向，就是要以最小的投入去獲得最大的產出。

而從全社會來說，企業以追求資本增值盈利最大化為目標所帶來的資本流動，正是調整經濟結構的必經之路。所謂市場經濟是透過市場機制來配置資源，就集中地呈現在這幾點上。因此，進行資本經營，就要允許企業在不違背法律法規的前提下，自主地運用資本的可流動性，採用他們自己認為合適的經營方式，去形成市場競爭中的優勢。

☑資本經營的主要特點

(1)資本經營是以資本導向為中心的企業運作機制。資本經營是以資本增值為中心的導向機制，要求企業在經濟活動中始終以資本增值為核心，注重資本的投入產出效益，保證資本形態變換的連續性和繼起性。資本經營的主要目標是實現資本最大限度的增值和獲利。

(2)資本經營是以價值形態為主的管理。資本經營要求將所有可以利用和支配的資源、生產要素都看作是可以經營的價值資本，用最少的資源、要素投入獲得最大的收益；不僅考慮有形資本的投入產出，而且注意專利、技術、品牌、商標、商譽等無形資本的投入生產，全面考慮企業所有投入要素的價值；充分利用、開發各種要素的潛能。資本經營不僅重視生產經營過程中的實物供應、實物消耗、實物產品，更關心價值變動、價值平衡、價值形態的變換。

(3)資本經營是一種開放式經營。資本經營要求最大限度地支配和使用資本，以較小的資本調動支配更多的社會資本。企業家不僅關注企業內部的資源，透過企業內部資源的優化組合來達到價值增值的目的；還利用一切融資手段、信用手段擴大利用資本的比例，重視透過兼併、收購、參股、控股等途徑，實現資本的擴張，使企業內部資源與外部資源結合起來進行優化配置，以獲得更大的價值增值。資本經營的開放式經營，使經營者面對的經營空間更為廣闊。資本經營要求打破地域概念、行業概念、部門概念、產品概念，將企業不僅看作是某一行業、部門中的企業，不僅是某一地域中的企業，也不僅僅是生產某一類產品的企業，它是價值增值的載體。企業面對的是所有的行業，所有的產品，面對的市場是整個世界市場，只要資本可以產生最大的增值。

(4)資本經營注重資本的流動性。資本經營理念認為，企業資本只有流動才能增值，資產閒置是資本最大的流失。再沒有什麼東西可以像把昂貴的機械設備閒置起來那樣喪失生產率，浪費資本。因此，一方面，要求透過兼併、收購、租賃等形式的產權重組，活絡沉澱、閒置、利用率低的資本存量，使資本不斷流動到報酬高的產業和產品上去，透過流動獲得增值的契機。另一方面，要求縮短資本的流通過程，以實業資本為例，由貨幣資本到生產資本，由生產資本到商品資本，再由商品資本到貨幣資本的形態變化過程，其實質是資本增值的準備、進行和實現過程。因此，要求加速資本的流通過程，避免資金、產品、半成品的積壓。

(5)資本經營透過資本組合迴避經營風險。資本經營理念認為，由於外在環境的不確定性，所以企業的經營活動充滿風險，資本經營必須注意迴避風險。為了保障投入資本的安全，要進行「資本組合」，避免把雞蛋放在同一個「籃子裡」，不僅依靠產品組合，而且靠多個產業或相關多元化經營來支撐企業，以降低或分散資本經營的風險。

(6)資本經營是一種結構優化式經營。資本經營透過結構優化，對資源進行合理配置。結構優化包括對企業內部資源結構，如產品結構、組織結構、技術結構、人才結構等的優化；實業資本、金融資本和產權資本等資本形態結構的優化；存量資本和增量資本結構的優化；資本經營管理組織過程的優化；等等。

☑資本經營的方式

企業為了有效地營運其各種資本，實現資本增值，通常主要採取以下方式：

(1)資本組合與分裂。資本經營型企業管理認為資本只有在流動中才能增值，是把企業的存量資本和增量資本、有形資本和無形資本等均作為可以流動的社會資源，實現價值形態的經營管理。資本流動的具體方式有：

第一，資本重組。即透過股份制、公司化、集團化等改制重組，分離無效、無關資本，吸納優質資本，推進資本組合。

第二，資本結構優化。即透過資本結構調整，以部份有效資本吸引外資，實行合資經營，或者對政府鼓勵發展的產業實行參股滲透，形成新的經濟增長點。

第三，資本控制。即以部份資本購買那些有發展潛力的企業的控股權，形成控股企業群。

第四，資本兼併。即以購買方式或承擔債務方式兼併收購企業，發展新產業群，促使生產要素向高效益企業流動。高效益企業發揮其經營、管理和技術優勢，帶動周圍企業資本營運效益的提高。

第五，資本出售、轉讓。即在資本市場上轉讓企業股權或產權，以調整資本結構。

第六，資本租賃、承包經營。即透過租賃、承包經營方式，取得其他企業資本的經營權，達到迅速擴大資本規模的目的。

第七，資本的分裂、聚合。即按照分裂—聚合—再分裂—再聚合的思路，不斷尋找合作夥伴，繁殖新的經濟增長點，讓資本在流動中增值，形成分裂、聚合的良性循環。比如把企業各類服務組織、輔助性生產部門和其他具有較大獨立性的生產部門從企業母體中分離出去，成為獨立經營的子公司。

第八，間接改造。即透過以產權為誘因，資產折價入股等吸引國外資本，藉外力優化資本存量，既經營國內資本，又經營外商資本。

第九，產權招商。即透過資本市場、產權市場以招標方式擴大企業資本規模，等等。

總之，透過以上各種資本重組和分裂方式，促進資本的合理流動和資本結構優化，以少量自有資本帶動更大的資本規模運轉，產生放大效應。這是目前許多企業在發展壯大中普遍採取的資本經營方式，並且獲得了成功。

(2)圍繞核心能力，實行多角化經營，優化企業資本結構。多角化經營，指企業透過開發新技術、新產品或兼併收購等方式，打破部門、行業界限，同時生產、經營多種產品或提供多樣化服務，將企業經營觸角伸入到多個經營領域的一種全方位的立體經營方式。縱觀當今世界，多角化經營已成為中外著名大企業集團的主要經營策略和發展壯大的重要法寶。如享譽全球的日本松下和日立兩家公司，均起家於製造插座和馬達，所以能發展為以電子產品為核心的多角化跨國經營集團，正是圍繞核心能力實施相關多角化經營策略的結果。實行相關多角化經營，不僅可以促進生產要素的合理流動，有助於企業優化資本結構，實現規模經濟效益；並且可以分散企業經營風險，增加企業經營的安全性；還可以調整多餘人員，提高全員勞動生產率；因而已成為現代企業發展的一個主要趨勢。

(3)參與國際經濟循環，開展國際化經營。由於科學技術的發展，任何國家的社會化生產都不可能只侷限於國內，而必須積極參與國際分工和國際競爭。隨著世界經濟一體化的發展，世界已形成為「地球村」，企業經營的國際化或全球化已成為一種發展趨勢。開展國際化經營，有利於企業尋求新的有利市場和生產條件，在國際市場上找到新的發展機會，有利於企業利用國際資本，以此來帶動和活化國內資本，形成新的經濟增長點。

(4)有效營運無形資本，以無形資本活絡有形資本。無形資本是企業在過去長期的生產經營過程中所累積起來的重要財富，包括企業商譽、標識、品牌、商標、專利權、發明權、特許權、經營權、土地使用權、某些資源的租賃權等，活用這些無形資本是企業資本經營的重要內容。目前許多企業已經認識到了企業無形資本的重要作用，並在逐步有意識地營運其擁有的無形資本，以此為契機活絡有形資本。

就目前看，企業營運無形資本的方式主要有：一是利用無形資本籌措資金，如利用企業的良好信譽或企業商標、品牌等引進資金。二是透過產權交易使無形資本增值，如轉讓技術，轉讓商標使用權，轉讓特許權，開展技術服務等。三是透過參加資產評估，實現無形資本有形化，擴大無形資本的社會影響力。四是加強無形資本的開發，不斷增加企業無形資本價值量。五是加強無形資本的保護，維護企業無形資本的合法權益。

(5)增加技改投入，加強資本存量。為充分發揮現有存量資本的作用，減少資本畸形分佈，企業可適當增加技改投入，以少量資本增量投入進行技術改造，並透過對增量投入專案進行優選，選定一些大優質項目，做好一些新產業；以此為催化劑，透過少許資本增量帶活大批資本存量，形成規模經濟優勢，並優化企業產業結構和品種結構，提高資本營運效率和效益。

☑資本經營的原則

資本經營雖然沒有固定的模式，但是有基本的經營原則，資本經營原則是保證資本經營活動取得預期目標的基本保證。

(1)系統性原則。資本經營的系統性原則是指加入企業的每個資本要素、每個運轉環節構成了一個完整的資本運作系統。資本經營的系統性原則要求做到：

其一，目標性：資本經營系統的目標在於資本的最大增值。企業的資本經營活動應以資本增值盈利率來評價。

其二，整體性：資本經營的思想要貫穿於資本經營系統的每一個部份，使其整體得到最大的增值。

其三，相關性：資本經營系統中的各資本要素是以一定的結構存在的：資本在流通環節上的縱向結構——貨幣資本、生產資本及商品資本結構等，以及在不同經營方向上的橫向結構——資本的產業結構、產品結構、風險結構、技術結構、空間結構和時間結構等。只有優化資本結構，才能使各資本要素發揮最大作用，保證資本增值最大目標的實現。

其四，開放性：資本經營是開放性的，它不應只著眼於企業自有的各種資本，還要充分運用可以利用的一切機制和條件，如信用、租賃等，調動非本企業所有的各種資本加入到企業的經營系統中來。

(2)資本周轉時間最短原則。資本周轉速度決定了資本增值速度。馬克思認為，在社會的生產與再生產中，必須加快資本的循環與周轉，才能使資本得到最大限度的利用。資本的循環與周轉加快一倍，就意味著可使用的資本增長一倍，它們是成正比的。因此，資本經營應儘可能縮短資本周轉的週期，提高流動速度，從而提高投資報酬率。

(3)資本規模最優原則。企業的規模並非越大越好，而應保持適度規模。只有適度規模，才能既獲得規模效益，又不會因管理層次的增加而導致資訊成本、監督費用的增加。

(4)資本收益和風險配比原則。一方面，投資的風險與收益成正比，高營利往往要冒較大的風險。另一方面，只有獲利能力強的企業才能真正有實力維護資本經營的安全，獲利能力低下的企業在激烈的市場競爭中，往往無法避免風險。因此，企業必須同時考慮收益和風險兩個因素，要在企業資本經營策略的指導下，適時捕捉有風險的機遇，要進行投資的風險組合。投資要在不同產業、不同產品、不同風險的專案間進行組合，既保證資本的安全性，又保證資本的增值性。

三、讓金融資本經營為企業提供廣闊的發展空間

☑金融資本經營應把握的技巧

金融資本經營，就是指企業以金融資本為物件而進行的一系列資本經營活動。它一般不涉及企業的廠房、原料、設備等具體實物的運作。金融資本經營是一種國際通行的規範運作方式，它不僅為世界知名企業提供了廣闊的經營發展空間，也是世界知

名企業跨國經營、多向擴展、參與國際市場競爭進而稱霸全球市場的一個有力工具。

企業在從事金融資本經營活動時，自身並沒有參加直接的生產經營活動，而只是透過買賣有價證券或者期貨合約等來進行資本的運作。因此，企業金融資本經營活動的收益主要來自有價證券的價格波動以及其本身的固定報酬，如股息、紅利等所形成的獲益。它不是依靠企業自身的產品生產、銷售行為來獲利的。企業從事金融資本經營，其主要目的並不是為了控制自己所投資企業的生產經營權，它只是以金融資本的買賣活動為手段和途徑，力圖透過一定的運作方法和技巧，使自身所持有的各種類型的金融資本升值，從而達到資本增值的目的。

(1)全面瞭解金融資本經營的主要特點。企業金融資本經營最主要也是目前最常見的方式有三種，即股票交易，債券交易，期貨、期權交易，與實業資本經營相比較而言，金融資本經營有以下特點：

第一，經營所需的資本額可以相對少一些。實業資本經營，尤其是項目較大的固定資產投資經營活動，往往都要求企業投入巨大的人力、物力和財力，對企業的整體綜合實力要求較高。但金融資本經營沒有如此苛刻的要求，只要企業繳納一定金額的保證金或購買一定數量的有價證券，企業就可以從事金融資本經營活動。因此，金融資本經營是一種適合於大多數企業進行的資本運作方式。

第二，資金流動性較強，企業的變現能力較大。金融資本投資經營的結果主要呈現在企業所持有的各類有價證券上，而這些證券又都是可以隨時變現、隨時充當支付手段的媒介。由於在企業金融資本經營活動中，資產的流動性和變現能力都較強，這也就使企業在從事金融資本運作時有了較大的選擇餘地和決策空間。換言之，一旦企業察覺形勢有變或者有了新的經營意圖，它就可以較方便地將資產變現或者轉移出來，以及時滿足企業的需要。

第三，心理因素影響巨大。社會、心理因素對各種資本經營方式都會有不同程度的影響，造成經營行為和效果發生偏差，這些影響一般都是間歇的、偶發的。但在金融資本經營中，心理因素卻無時無刻在起作用，因此隨之而來的風潮可能一觸即發。例如，當證券投資者預感到一種證券價格即將發生變動時，他就會依據自己的心理判斷搶先行動。當這種意識為許多人共有時則會形成集體的「搶先」意識，這種共有的意識便構成了證券市場每日每時的心理潮流，並常常會由此引起價格的劇烈波動，而這種現象又反過來進一步加強了投資者的心理動盪。

第四，經營效果不穩定，收益波動性大。金融資本經營是一項既涉及企業內部自身條件，如企業的資金實力，決策人員的能力、素質，企業所擁有的金融資本經營的經驗和技巧等；又涉及外在環境因素，如國家經濟形勢、政府所制定的相關法律法規、行業政策、國民經濟增長水準、人民收入等的複雜活動；從而使金融資本經營活動容易受到不確定因素的干擾，導致收益呈現出波動性。而且，金融資本經營的收益主要是依靠有價證券價格的變動來獲取的，由於證券交易市場上價格的頻繁變化，企業收益發生波動也就是必然的了。

(2)正確把握金融資本經營的原則。金融資本主要以有價證券為表現方式，如股票、債券等，也可以是指企業所持有的可以用於交易的一些商品或其他種類的合約，如期貨合約等。

實施金融資本投資經營，首先要做的是需要預先籌集一筆資金，然後再根據企業內、外環境條件，確定具體的投向及運作方式等內容。投資經營者必須衡量自己承擔風險的能力，然後決定投資數量、投往何處以及運用何種方式投資經營。

各類金融資本因其性質、時間長短等不同，其收益和風險的高低大小也有差別，必須瞭解這些情況，才能做出正確決策。由於金融資本經營大都是在一定的金融交易市場上進行，所以，必須瞭解各類不同交易市場的組織和機制、經紀商的職能和作用、證券買賣的程式、交易管理的法令法規以及傭金、費用等等。

投資經營者對於各種金融資本的性質、收益與風險及市場經營方式等情況有了大致的認識和瞭解後，在真正進行金融資本投資經營以前，還應該對各類金融資本的真實價值、上市價格及價格漲落趨勢進行認真的分析，以確定合適的投資經營物件。

透過以上各個環節的工作，企業便可以按照自己擬定的經營目標，結合風險和收益的衡量結果，在未來經濟環境及本身財務狀況變化趨勢的預測基礎上，做出恰當的判斷，決定金融資本經營行為的具體方向。

金融資本經營應把握的主要原則有以下幾個方面：

其一，實行組合經營，分散投資風險。在資本經營過程中，收益和風險是緊密相聯的。在風險已定的情況下使投資報酬最高，或在報酬已定的情況下使風險最小，這是金融資本經營的基本原則。根據這一原則，在金融資本經營過程中，企業要盡力保護本金，增加收益，減少損失。

其二，明確經營目標，完善投資計劃。要使企業的金融資本經營取得成效，首先應該確定一個清晰而明確的目標，以避免投資經營的盲目性。同時，還應制定一項完善的投資計劃，以指導整個金融資本經營活動的順利開展。

其三，不能存任何僥倖心理。企業在實施金融資本經營過程中，一定要力求穩妥、可靠、合理，絕對不能像賭徒在賭桌上那樣孤注一擲，出於任何僥倖心理所做的決定都是危險的。投資者千萬不能在尚沒有明確投資經營的前途之前就慌忙採取行動，倉促的行動往往會導致投資活動的失敗。

其四，依據自己的判斷，理智地進行投資。在金融資本的交易市場上，謠言常常是最多的。投資者一定要冷靜、慎重、理智，善於控制自己的情緒，對各種類型的經營方式要作認真的比較，最後再選擇最適合的運作物件和方式。

其五，把握時機，當機立斷。金融資本經營的機會是稍縱即逝的，如果企業投資者經過詳細的研究分析，認為這時是購入或者賣出有價證券的有利時機，那麼就應該把握住機會，及時下單買入或者賣出。如果一直猶豫不決，希望等出現更好的機會再採取行動，那麼很可能就會錯過經營交易的最佳時機。因此，當投資者做出成熟的決策時就應該及時加以貫徹，遲疑不決只會貽誤佳機，失去到手的利益。

其六，投資決策者要有一定的能力。金融資本經營是一項需要高度智慧性勞動的複雜工作，因而投資決策者必須具有堅實的相關理論知識以及一定的經營能力。而理論知識的累積和能力的培養，又要求投資決策者必須不斷地學習以及更多地參與金融資本經營活動的實踐，以提高自身的理論標準和實際經營能力。

☑金融資本經營是企業超常規發展的捷徑

世界知名企業金融資本經營的實踐，顯示了在現代企業經營中，金融資本經營具有十分重要的現實指導意義。

(1)金融資本經營為企業直接擴股、融資提供了新的方法和途徑。企業要實現超常規發展，必須不斷地開拓新的投資領域，增加投資規模，只有這樣才能在競爭激烈的市場中乘風破浪，不斷前進，這些都要求企業及時擁有大量可支配的資本。作為一個現代意義上的企業來說，經營金融資本能夠很快地滿足這種要求。一方面，透過在證券市場上發行股票、債券以及各種其他金融工具可以迅即從市場上籌集到大量資金。另一方面，當企業經營形成大量利潤結餘時，它可以從市場中購進各種增值金融工具進行直接金融投資。金融工具靈活的變現能力使得這種資產極具流動性，這是企業實物投資不可比擬的優越性。

最後，企業利用金融工具進行直接融資不需要像間接融資那樣向投資者支付利息，極大地減輕了處於飛速發展階段企業的負擔，使企業實現超速發展成為可能。

(2)金融資本經營可以為企業帶來超額利潤，有利於企業規模擴張。與各種實業資本經營相比，金融資本經營有兩大顯著特徵。

一是需要投入的資本量相對較少，同樣的資本額可以經營更多的收益性業務；二是金融資本經營具有高風險和高收益性。企業經營金融資本，由於可以動用的資本規模巨大，加上對行市的分析更具理性，作為大戶入市往往可以改變市場的景氣，從而獲得遠遠超過實物投資的投資報酬率。現代企業追求的是企業資產價值（財富）的最大化，股票、債券等金融工具的順利買賣，其價格在證券市場上呈上升趨勢，持有該公司的股票或債券的投資者資產增加。這會使企業的社會地位和信譽提高，產品的競爭力加強，從而推動企業的超速發展。

(3)金融資本經營可以使企業規避市場價格波動風險，更有利地提供市場供給，保證企業的產業經營不斷發展壯大金融工具，尤其是其中的期貨品種，其創立的本來意義是為了套期保值，規避價格風險。在全球主要商品供過於求的時代，由於需求的制約往往導致市場價格巨幅漲跌，這對正處於超速發展的企業來說是極為不利的。價格波動的因素，很多情況下是由人為或自然的偶然因素造成的。企業的產量影響不大，這時候就特別需要一種機制或工具來抵消價格的負面影響，金融資本經營正好滿足了這種要求。

☑金融資本經營的主要方式

(1)發行股票，增加資本。股票是股份公司為籌集資金發給股東作為其投資入股的證書和索取股息的憑證，也是持股人擁有企業股份的書面證明。

第一，股票發行的意義和作用：

▼發行股票可以籌集資金組建新廠。

▼發行股票可以籌集新資本來擴大經營。

▼透過發行股票可以收購其他企業。

▼透過發行股票的方式可以代替現金給股東分紅。

▼透過發行股票可以提高企業的自有資本比率，健全企業經營機制。

對於企業來說，自有資本比率的高低是衡量其經營安全度的重要指標。如果比率過低，企業主要靠負債經營，則抵禦風險的能力低，不利於企業經營的穩定性。因此，隨著企業生產規模的擴大，企業需要不斷增發新股以提高自有資本占整個資金來源的比重。

第二，發行股票的目的和方式：企業在不增加資本、出於擴大經營需要或其他目的的發行股票的方式主要有：

▼為籌集資本而發行新股。
▼為把盈利轉化為資本而發行新股。
▼將公司資產重新估價、增值轉作資本，發行新股。
▼將公積金轉為股本，發行新股。
▼把公司負債轉化為股份而發行新股。

(2)發行債券。債券是債務人為借到一定金額的款項而交付給債權人的，承諾按一定的利率在約定的日期支付利息，並在約定的日期償還本金的書面債務憑證。發行債券者即為債務人，購買債券者便成為債權人。債權人憑債券領取利息和本金。二者之間的債權債務關係一直到債券利息全部付清、債券本金全部償還時為止。

(3)期貨交易。期貨是對現貨而言的。它是指為了未來交易而買賣的商品，包括金融商品。這種買賣關係通常以期貨合約的形式確定下來。所以，一般講到期貨就是指期貨合約，期貨交易實際上就是期貨合約的交易，通常都不交割貨物。目前許多國家和地區都在積極開展期貨交易業務。期貨投資所以能有如此普遍和迅速的發展，主要是因為它有以下作用：

第一，期貨投資可以轉移價格波動的風險，保證企業生產經營活動持續穩定地進行。

第二，期貨投資有利於推動市場競爭，形成商品價值正確的標準——價格。

期貨投資是為了避免經營風險或實現盈利的目的而從事投資的期貨交易活動。

(4)投資基金。投資基金是金融信託的一種，是由不確定多數投資者不等額出資彙集成基金，然後交由專業性投資機構管理，投資機構根據與客戶商定的投資最佳收益目標和最小風險，把集中的資金再適度分散投資於各種有價證券和其他金融商品。如資本市場上的上市股票與債券，貨幣市場上的短期票據與銀行同業借貸，以及金融期貨、黃金、選擇權交易、不動產等等，獲得收益後由原投資者按出資比例分享，而投資機構本身則作為資金管理者獲得一筆服務費用。

四、在多變的市場中保持清醒，避開投資陷阱

市場變幻莫測，企業在市場競爭中好似逆水行舟，不進則退，企業投資的不可大意。例如買了一台新的電腦，第二天易手估計就得打折，電腦尚屬大部份企業的設備。若企業投資的設備是非常專業的設備，一旦專案失敗，那麼試圖從設備轉讓中回籠資金會更困難，即便能回籠一小部份資金，企業的損失也非常慘重。因此，在運用資金

時必須牢記企業的投資不可大意是非常必要的，要慎記企業籌措資金是非常不易的。

企業投資是企業市場爭霸戰中的重頭戲，若投資的目光准，及時迅速，就能搶佔市場，獲取豐厚的報酬。若判斷錯誤，輕則貽誤商機，重則拖垮整個企業，使企業被淘汰出局。下面是企業投資中常見的一些與資金管理關係較為密切的「陷阱」：

☑把所有的希望押在一個籌碼上

市場競爭日趨激烈，企業面臨的投資風險日益增大。如果企業投資過於單一，將會面臨較大的風險，就猶如把所有的希望押在一個籌碼上「賭一把」，萬一投資失敗，企業無其他項目的現金流入，很快就會走向失敗。

在證券投資中，有一句名言：「不要把所有的雞蛋放在一個籃子裡」。對於企業的投資來說，道理也一樣。以美國博斯基公司「賭一把」策略帶來的教訓足以說明這種投資方法風險是非常大的。

一九八二年，美國的布恩皮肯斯公司要收購一家名為城市服務公司的石油公司，幾週之後，海灣石油公司提出了每股六十三美元的開價，收購城市服務公司，城市服務公司也同意被海灣石油公司收購。

在這種情況下，博斯基公司非常看好城市服務公司的股票，信心十足，覺得投資在該股票上穩賺不賠，一定能獲得巨額利潤的。因此，博斯基大舉借入資金，投資了七千萬美元在城市服務公司的股票上，但天有不測風雲，八月份海灣石油公司宣佈退出城市服務公司的標購戰，城市服務公司的股票價格持續下降。博斯基公司手裡大量的城市服務公司的股票無法脫手出去。而且在這個時候，債主們接連不斷地打來電話，要求博斯基公司這時還錢。「賭一把」把博斯基公司推到了破產的邊緣。

後來，博斯基公司在別的公司幫助下逃過了這一劫，但血淋淋的事實說明，「賭一把」的投資方法往往意味著風險的過分集中；雖然「賭一把」有時會給企業帶來較高的收益，但是只要發生一次意外，就可以使多年累積的財富毀於一旦。

香港赫赫有名的投資銀行——百富勤就由於在印尼債券上栽了跟鬥，把一個極有發展前途的投資銀行毀掉了。當然，百富勤不僅投資於債券，還有其他投資，但是，在印尼債券這一個項目上集中了過多的風險也的確是犯了金融企業的大忌。企業採用多種投資，就能夠減少企業的風險，即使某項投資造成了損失，企業也可以從其他投資的收益中得到補償。

☑過度投機

一些企業由於經受不住暴利的誘惑，也不考慮自己的資金實力和管理能力及其他因素，不願意耐心獲得正常利潤，而企圖從泡沫經濟中撈一把。對於他們來說，合理投機尚屬情可理解，但過度投機只會讓企業快速走向滅亡。

導致企業過度投機的原因是什麼呢？首先，是泡沫經濟高利的假象誘惑力。在轉型時期，企業多多少少都有一點急功近利的情緒，看到某個領域有暴利存在，很難不為之心動。

從另一方面說，也是許多企業對自己的專業沒信心，到處「打遊擊」，哪個行業利潤高一些，就往哪鑽，常常不顧自己的資金力量，技術力量，經營者素質，常常「撈過界」。一般說來，「行行出狀元」，在本行業站穩腳跟，特別是處於領導地位的企業，「撈過界」的衝動會少了一些，隨著市場經濟的發展，會逐步進入一個平均利潤時代。企業要樹立長期投資的觀念，學會長期獲利、穩定獲利的新經營理念。

企業也應樹立風險控制的意識，因為高收益往往意味著高風險，但切記高風險不一定有高收益，企業一定要合理權衡風險和收益。即使要從事高風險投資，也要在泡沫初期入市，在泡沫破滅之前脫身。

要做到這一點，貪心一定不能過重，而且企業還要保持投資的靈活性，在投資於較大型的專案時，資金要分期分階段投入。一是有利於資金的籌措，因為一次籌措到大資金的可能性不大，但分期分批一般就容易得多。二是有利於資金的管理，資金規模越大，管理的難度也越大。三是有利於「脫身」，也就是先期投入之後，若發現形勢不妙，可以及時放棄，保證「主要資金」的安全。在投機性較強的領域裡，分階段投資也是一個應對之策吧！

☑盲目擴張

韓國的企業集團貪大求全，擴張就是它們的總體經營策略。韓國的大企業集團涉及的行業眾多，生產的產品包羅萬象。但實踐證明，盲目擴張，盲目多元化是有極大的危害的。二十世紀末的東南亞金融危機就逼迫韓國大企業集團進行策略性重組，相關產業重新整合；力圖形成各集團的比較優勢，也就是經濟的「大而全」的傳統及經營觀念，放棄了對簡單的「擴張，再擴張」的追求。

企業在發展到一定程度後，追求擴張、追求多元化經營也無可厚非，但關鍵在於認識蘊含的風險和做好必要的準備，這樣才能避免跳入陷阱。企業一定要根據自己的優勢，揚長避短，如果在不熟悉的行業大展拳腳，想一飛沖天，這實際上是有很大困難的。因為在新進入行業時，企業要面對那些早已進入該行業的已有根基的對手，面臨的競爭會比本行業更激烈。這對於企業本身的實力尤其是資金實力，是很大的考驗。

若自身實力不具備，經不起初期競爭的虧損，在新的行業開拓，往往意味著巨額的現金流出，就會對資金周轉造成巨大的壓力。資金籌措與資金周轉計劃應該是優於投資實施前要做的事，所謂「兵馬未動，糧草先行」，只有企業在資金比較充裕的時候才是向新領域擴張或擴大企業的規模的適宜時機。

除了資金之外，技術因素也是應重視的問題。現代競爭在很大的程度上是技術的競爭，而技術研究和新產品開發是需要巨額現金的。企業擴張之時，需要考慮這樣的擴張能否發揮企業的優勢技術，如果需要或購買新技術，需要多少資金，等等。

最後就是管理。企業併購也好，進軍新領域也好，擴大規模也好，管理能否跟上是頭等的問題。同樣的員工，同樣的設備，在不同的管理模式下，產生的效益絕對會不一樣。因此，在擴張之前，一定要合理評估企業的管理能力如何？能不能跟得上。

美國石油行業的許多大公司在二十世紀七〇年代因為石油危機帶來石油價格的狂漲，而大發橫財。在七〇年代末八〇年代初，這些石油鉅賈就雄心勃勃，憑手上的大額資金涉足其他行業。但事與願違，許多石油巨頭發現，在別的領域經營與經營石油完全不是同一碼事，擴張的失敗還直接影響了企業的發展。

再比如，瑞典最大的企業集團和跨國公司——富豪公司也存在著盲目擴張的問題。

該公司曾經在世界最大公司的排名榜中名列前四十五位，但其總裁吉倫哈馬常常急功近利，盲目擴張，當時他認為石油業利潤豐厚，且由於石油危機，石油供不應求，於是他向石油大學進軍，想由此來抵減汽車業不景氣造成的虧損。

他在投資前沒有作科學的投資效益分析，沒有料到許多企業湧向了石油業，石油的供應快速增長了許多，石油價格回落，而且富豪公司缺乏專門的石油管理人才和專業技術人才，根本不是人家的對手。在石油上栽了個大跟斗之後，吉倫哈馬選擇的另一個擴張領域是生物科技行業。

一九八六年，富豪公司與瑞典福門諾公司達成合資協議，吉倫哈馬希望如果一切順利的話，這家合資企業能成為瑞典生物科技行業的霸主。但可惜的是，福門諾公司的董事長其實是一個江湖騙子，後來，雙方解除協定，吉倫哈馬放棄了讓富豪公司成為生物科技行業領頭的想法。一九八六年六月，他又以一·九億美元買下了另一家生物科技公司，由於富豪公司缺乏生物技術的管理人才，這家生物技術公司不僅未能盈利，反而連年虧損。這些盲目擴張的苦果均使富豪公司每況愈下，風光不再。

盲目擴張與盲目多元化是非常要不得的，這會使優秀企業走向失敗，會使經營不善的行業加速死亡。因此，企業在投資之前，一定要謹慎預測盈利。沒有足夠投資報酬的專案，不管投資規模如何可觀，投資方式如何先進，前景描述如何美妙，都是必須放棄的。要糾正「擴張，再擴張」的錯誤思維模式。企業經營者要有清醒的頭腦，對企業要有合理的估計，對企業要有一個準確的定位，發揮企業的優勢，確定企業投資適度的規模要樹立效益觀念，而不是「產值，銷售額」的觀念，確保企業的長期健康發展。

☑發展目標不切實際

有些企業的經營者「心比天高」，尤其是在企業迅速成長的時期，頭腦發燒，提出一些不切實際的發展目標，有點「不怕做不到，就怕想不到」的意味。但由於企業根基不牢，在激烈的競爭之中，很可能就是「命比紙薄」，目標越不切實際挫折越重大。

在二十世紀七〇年代和八〇年代初，日本山葉機車公司和日本的本田公司發起了一場爭奪機車行業世界第一的大戰。本田公司為力保世界第一的地位，給予山葉公司有力的反擊。兩個公司上演了一幕殘酷的商業大戰。商戰的最終結果是山葉機車敗北，總經理遭解僱。

山葉機車沒能正確地估計競爭對手的實力，本田公司在機車行業中佔據「龍頭老大」的地位，並不是憑運氣得來的，這與其長期的艱苦奮鬥是分不開的。

六〇年代末七〇年代初，本田進軍汽車市場，調集了公司最好的設備與技術力量投資於汽車行業。這時本田致力於汽車行業，暫時無法在機車行業繼續擴張，山葉公司錯認為這是一個極好的向「老大」挑戰的時機。

山葉在機車市場全面出擊，一時之間，本田公司只能節節敗退，於是乎山葉公司心比天高，錯誤地認為本田公司無還手之力，大力追加投資，開設新廠。由於開設新廠擠佔了山葉公司大量資金，為其以後陷入被動埋了隱患。

這時，本田公司開始大力還擊了。本田首先採用的大幅降價的「價格戰」的策略，同時輔之以增加銷售點和銷售費用。

這樣一來，山葉在資金方面出現了窘態。因為本田公司有汽車業務的收入，因此它可以從汽車業務的收入來支撐機車的價格戰。第二，本田公司利用汽車業務收入增加、資金充分的優勢，不斷採用新技術，推出新產品；相反，山葉公司是機車專業廠商，沒有其他業務收入來支撐價格戰，且新建工廠佔用了大量資金，在「價格戰、產品戰」之際，一時卻派不上用場，最後，這次戰爭以山葉公司的失敗告終。

因此，企業的CFO一定要正確估計企業自身的實力，尤其是資金實力，在企業競爭白熱化之時，很多時候就是拼資金。尤其是在技術相對成熟，技術性強的行業中更是如此。勝利佔領市場，獲取戰爭勝利的果實——擴大了市場，競爭對手敗退後提高的利潤率，敗者就只能仰天長歎了，在開戰之前，檢查好企業的策略狀況，尤其是「血液」——資金的運轉狀況是最為主要的，一切準備做好之後，還是戰敗沙場，管理者也就只有抱怨時運不濟了。

在市場競爭越激烈、越殘酷時，CFO提高資金管理標準就顯得越重要。

General Managers Handbook

成為管理高手所必備的成功基礎知識

你不一定是優秀的「知識份子」，但一定要是優秀的「能力人才」。

你對未來經濟的發展要具有預見和洞察能力。

財務總監─菁英培訓版

（讀品讀者回函卡）

■ 謝謝您購買這本書，請詳細填寫本卡各欄後寄回，我們每月將抽選一百名回函讀者寄出精美禮物，並享有生日當月購書優惠！
想知道更多更即時的消息，請搜尋"永續圖書粉絲團"

■ 您也可以使用傳真或是掃描圖檔寄回公司信箱，謝謝。
傳真電話：（02）8647-3660　　信箱：yungjiuh@ms45.hinet.net

◆ 姓名：________________　□男　□女　　□單身　□已婚

◆ 生日：________________　□非會員　　□已是會員

◆ E-mail：________________　電話：(　)________

◆ 地址：________________________________

◆ 學歷：□高中以下　□專科或大學　□研究所以上　□其他________

◆ 職業：□學生　□資訊　□製造　□行銷　□服務　□金融
□傳播　□公教　□軍警　□自由　□家管　□其他________

◆ 閱讀嗜好：□兩性　□心理　□勵志　□傳記　□文學　□健康
□財經　□企管　□行銷　□休閒　□小說　□其他

◆ 您平均一年購書：□ 5本以下　□ 6～10本　□ 11～20本
□21～30本以下　□ 30本以上

◆ 購買此書的金額：________________

◆ 購自：□連鎖書店　□一般書局　□量販店　□超商　□書展
□郵購　□網路訂購　□其他

◆ 您購買此書的原因：□書名　□作者　□內容　□封面
□版面設計　□其他

◆ 建議改進：□內容　□封面　□版面設計　□其他________

您的建議：

剪下後傳真、掃描或寄回至「22103新北市汐止區大同路三段194號9樓之1讀品文化收」

廣 告 回 信
基隆郵局登記證
基隆廣字第 55 號

2 2 1-0 3

新北市汐止區大同路三段 194 號 9 樓之 1

讀品文化事業有限公司 收

電話/(02)8647-3663　　傳真/(02)8647-3660

劃撥帳號/18669219　　永續圖書有限公司

請沿此虛線對折免貼郵票或以傳真、掃描方式寄回本公司，謝謝！

讀好書品嚐人生的美味

財務總監—菁英培訓版